长输油气管道建设对外协调
工作指南

张会君 刘宝林 编著

石油工业出版社

内 容 提 要

本书将管道建设对外协调作为一项专业工作予以探讨,对管道建设对外协调相关手续办理、各种补偿、化解阻工、公共关系、内部管理等方面进行了详细的梳理和分析,并列举了管道建设对外协调工作中参考执行的国家法律法规条目以及各种表单和合同样本,旨在探讨建立一个管道建设对外协调的管理体系和操作体系。

本书适合从事管道建设对外协调工作的管理人员、业务人员参考和使用。

图书在版编目(CIP)数据

长输油气管道建设对外协调工作指南/张会君,刘宝林编著.
北京:石油工业出版社,2016.1
ISBN 978-7-5183-1017-3

Ⅰ．长⋯
Ⅱ．①张⋯②刘⋯
Ⅲ．油气运输－长输管道－管道敷设－协调－指南
Ⅳ．TE973.8-62

中国版本图书馆 CIP 数据核字(2015)第 289432 号

出版发行:石油工业出版社
(北京安定门外安华里 2 区 1 号   100011)
网　　址:www.petropub.com
编辑部:(010)64523546　图书营销中心:(010)64523633
经　销:全国新华书店
印　刷:北京中石油彩色印刷有限责任公司

2016 年 1 月第 1 版　2016 年 1 月第 1 次印刷
787×1092 毫米　开本:1/16　印张:7.5
字数:130 千字
定价:36.00 元
(如出现印装质量问题,我社图书营销中心负责调换)
版权所有,翻印必究

序　　一

　　在管道工程建设现场,张会君同志身患癌症,前往北京住院,带给我们一片担心。

　　我与公司人员前去探望,他依然面带微笑,神情如前,言语轻松。这样顽强的意志让我们看到了他战胜病魔的希望,带给我们不少宽慰。

　　治疗非常成功,他很快归队,又开始了庆铁线改造工程的对外协调工作。听项目部的同志说,发病初期,他离开长春前去北京的医院就诊,当时他还不知道检查结果,但同事们已经知道真实情况。机场送别时,很多人以为他不能再返回岗位。他逃过了一劫,我们甚是高兴。

　　后来我们得知,在治疗的三个月期间,他编写完成了一部13万字的《长输油气管道建设对外协调工作指南》。书中有系统化的业务论述,也有相关政策法规文本的集纳,既有一定的理论深度,又有实际可操作性。较为全面地探讨了长输油气管道建设对外协调的各方面工作。对我们管道公司来说,管道建设是我们长期以来的一项重要任务,我们出色地完成了很多重大工程项目,得到了上级的肯定。在这些项目建设过程中,我们也体会到了对外协调工作的艰辛和重要性。并且,随着我国经济的快速发展,项目手续办理、用地取得、实施补偿面临着更复杂、更艰难的外部环境。在这个阶段,单靠敬业精神和坚强的承受力来做对外协调工作是不够的,科学地、系统地、艺术地推进管道建设对外协调进程才是现代企业应具有的素质。张会君同志以他多年来对对外协调工作的体会践行了这一理念。该书的完成,带给我们一份厚重的惊喜。

　　这本书除了它的业务价值,更让我们看到了力透纸背的一种生活态度。

　　生下来,活下去,是一种本能,是人的一种基本属性。有所追求,锲而不舍,才是生活的崇高境界。活着,并精彩着,张会君同志做到了。放疗、化疗没有阻止他探索的步伐,在他眼里反倒成了难得的写作环境;"癌症"这个可怕的字眼没有击倒他的意志，反倒成了他珍惜生命、珍惜光阴的警示牌。

企业文化需要这种精神，管道文化更需要这种精神。在《长输油气管道建设对外协调工作指南》的空白处我们还能读出更多东西，这是作者带给我们的又一份馈赠。

中国石油管道公司总经理

2015 年 10 月

序　二

　　长输管道建设方面的书读了一些,大多是关于项目管理方式和施工技术的。初看这本书,觉得不会有太多内容可以涉猎,当一章章读来,才感到本书有不少值得品味的地方。对于长输管道建设来说,这方面业务的探讨应该是在管理和技术之后的非常重要的方面,对外协调工作运作的效果对项目产生的影响越来越大,直接决定了项目的命运。每个项目都在做对外协调工作,但组织方式不同、遵循的原则和思路不同、人员构成不同、技术操作不同,其结果必然千差万别。值得思考的是,每当工程结束,很多单位会给对外协调部门庆功或表扬,很少针对对外协调做一番评价和总结,尤其是它对工程产生了怎样的影响,其成败得失在哪里,哪些是需要引以为戒的。以往也出现了一些对外协调工作某方面单项的书籍和文章,但只是作为项目完成后文化成果中很小的一个部分,而作为一项管道建设必需的一路工作的探讨和模式则是空白。这本书填补了这个空白,正是我们在管道建设中已经意识到需要建树的业务板块和理论板块。它来了,虽然有些稚嫩,未必十分严谨,但难能可贵的是它从长输管道对外协调工作各行其是、漫长而松散的实践中做了理论的梳理和分析,搭建了一个模式的平台,有了这个平台,我们就有了对这项业务探讨的起点。承前启后,该是这本书的最大作用。

　　这是一本应时之作。从历史脉络看,从"八三"管道开始,40多年的时间,管道建设对外协调走过了漫长的道路,积累了丰厚的经验,到了需要总结和上升为业务理论的时候。从现实的需要看,长输管道建设速度加快,规模空前,外部环境日益复杂,简单的面对、纯个体的经验,已经不能应对当前的形势。譬如当年的"八三"管道建设,是项政治任务,沿线政府全面支持,民众义务劳动开挖管沟,当时几乎不需要对外协调,一个领导的圈阅,一纸红头文件就可以解决所有问题。而现在就复杂得多了,法规的完善、市场经济的发展、人口密度的增加,还要面对有些政府部门依法行政的不到位、个别被补偿户的过分物质贪欲。应对这样的环境就需要有一个完备、高效的业务队伍和一套科学、严谨的操作方法。从这个意义上看,这本书从历史的经验中走来,从诸多方面提出了应对新形势的方法,承担了开创管道建设对外协调理论这样一个雪中送炭的使命。

这是一本系统之作。对外协调在长输管道建设中的重要性已经成为业界的共识,但在以往的总结交流中,大多只侧重某个方面,或者是研究政策法规,或者是熟悉程序,或者是解读补偿标准,或者是探讨公共关系。本书的论述要全面得多,从项目的前期准备阶段到手续的办理,再到如何实施补偿,直至最后将对外协调的重要资料归档,可以说涉及项目管理的全过程。并且从管理的角度提出了对外协调机构设置、人员配备以及如何提高素质、加强培训等模式和认识。可以说,针对某一个长输管道建设项目的对外协调工作,可能发生的,这本书已经为你想到了;没有主动去做的,这本书已经提示你需要行动了。如果你是一个对外协调工作的新手,这本书就给了你一个全面的启蒙;如果你是一员对外协调工作的老将,或许这本书将给你一些深入思考的题目。

这是一本务实之作。读过此书,你会感受到一种实务操作手册的味道。即使你没有整体读过,仅当你遇到某类问题时去对号查找,此书也一定可以给你当个参谋。我们可以看到,书中将过往的经验教训做了不少分析,前车之鉴,对我们未来的工作弥足珍贵,让我们可以少走弯路,不用再去交学费,这是真实的警示。在如何写好对外协调大事记上,本书直接开列了应该收入大事记的清单,读者操作起来就简便得多了。比如在土地测量的"涨尺"问题上,以往我们总觉得应该有个范围,这本书提出来了,至于是否适用于你面对的工程,至少有了一个参考的基础。对于合同版本、必要的表格等,这本书都提供了模板,在实际工作中,对外协调人员完全可以根据自己单位的情况稍加调整就能投入使用。

这是一本探索之作。将长输油气管道建设对外协调作为独立的业务是探索,将这项业务系统描述是探索,处理好补偿标准的遵循和调整的关系是探索,平衡好房屋征收与定向钻的选择也是探索。面对政策法规与现实的矛盾、建设单位内部管理与外部环境的摩擦、政府部门的顾全大局开放服务与本位意识效率低下的反差、涉事民众的通情达理与极端自私的共存,作者没有回避,并能够客观面对,理性分析,给我们一个仅属于个人观点的建议。当然,面对任何事物都会仁者见仁智者见智,关键是在长输油气管道建设对外协调过程中,处理好以上的棘手问题就不再是坐而论道的空谈,而要产生实际的效果,这就是理论探索的重要性所在。

  值得一提的还有该书的成书过程。作者从2000年涉足长输油气管道建设对外协调业务,经历了"涩宁兰"、"西气东输"、"忠武线"、"兰银线"、"庆铁三线"、"庆铁四线"等长输油气管道建设项目,目前担任中国石油天然气管道公司第四项目部对外协调副经理。将对外协调作为一项长输油气管道建设的重要业务进行探讨,以书籍的形式推出是作者多年的愿望。2011年,作者身患癌症,住院接受治疗。正是在这期间,作者暂时放下了工作,虽然要接受放化疗的折磨,但毕竟有了一段宝贵的相对平静的时间,就是在这段时间里,作者完成了这本书的初稿。在人生的挫折中创作成果,这是作者的一种坚韧精神,或许也是长输油气管道建设对外协调最需要的一种精神。这种精神对我们的鼓励也是一份厚重的礼物。

中国石油管道公司总经理助理

李伟林

2015年10月

前　言

管道运输是国际货物运输方式之一,是随着石油生产的发展而出现的一种特殊运输方式,具有运量大、不受气候和地面其他因素限制、可连续作业以及成本低等优点,随着石油、天然气生产和消费速度的增长,管道运输发展的步伐不断加快。

管道运输是中国新兴运输行业,是继铁路、公路、水运、航空运输之后的第五大运输业,在国民经济和社会发展中起着十分重要的作用。管道运输是利用地下管道将原油、天然气、成品油、矿浆、煤浆等介质送到目的地的一种运输方式,具有安全、高效的运输优势。

国内长距离大口径输油管道建设自1970年的"八三"管道开始,至今已有40多年。截至2015上半年,我国已建油气管道的总长度已超过10.8万千米,形成了横跨东西、纵贯南北、覆盖全国、连通海外的油气管网格局。未来10年,油气管道建设将进入新的高潮,管道建设向着大口径、大流量、网络化方向发展,建设规模和建设速度将有大幅度提高。

在长输油气管道建设中,对外协调是一项制约工程进度的重要因素。在长期的运作中,重要性日益显现出来。在建设业主和承包商方面都形成了机制、机构、程序性的范式,且逐步成熟和强化。

然而,没有哪个院校将对外协调列为专业,没有哪个单位将对外协调列为重要部门。从事对外协调的人员好像并不需要具备什么条件,谁都可以做,门槛之低,毋庸讳言。而事实却清楚地呈现出一个答案——对外协调不仅是一门学问,而且是一门复杂的综合性学问,对管道建设单位来说更需要做系统的探讨、系统的设计、系统的操作。

本书将管道建设对外协调作为一项专业予以探讨,旨在以40多年的管道建设对外协调实践为依据,综合已经成型的和正在摸索的模式与做法,探讨架构一个管道建设对外协调的管理体系和操作体系,供业界人员参考。

本书力图从管道建设对外协调的实务出发,分为若干工作任务去加以分析和描述。既有清单式的作业描述,也有对这类任务操作过程中的分析和建议。目的只是为管道建设对外协调人员以及相关的管理部门提供参考,开启思路,建立更为科学、合理、高效的对外协调机制。

将对外协调作为单一的管道建设业务探讨,是一个经多年实际建设经验提出的课题,也是随建设形式变化而日益显现的强烈需求。越来越明确的业务独立性和迫切性主要来源于政治、社会、经济等方面。在政治层面,法制的健全使管道建设面临更多的法律规范。如核准制、耕地占用税、房屋征收等重大约束,在建设中既要办理各种手续,又要协调各方关系,以推进工程的进展。在社会层面,由于管道建设需要长距离线性作业,会产生少量永久性用地和大量临时性用地,涉及的机构、企业、民众很多,补偿协调量巨大。早期的管道建设,主要依靠立项批复,是一种行政的推进。在后期的管道建设中,土地使用性质逐步发生变化,补偿的强制性弱化,市场行为强化。虽然依托政府的主流协调渠道没有变化,但协调的复杂性和艰巨性空前地提高了。也就是说,作为被补偿对象,土地在补偿过程中占据了绝对的支配地位。在经济层面,随着经济的发展,土地的价值扶摇直上,与之相关的附加资源、产品都有了大幅的上涨。近10年来补偿价格永久用地的上涨幅度为10多倍,临时用地上涨幅度达5~20倍。根据这个变化,管道建设的投入成本也大幅提高。沿用以往的工程概算,很难合理解决工程实际的建设成本问题。

根据管道建设管理实际情况,有人提出了"对外协调就是生产力"的理论。这准确定位了对外协调在管道建设中的地位。对外协调,首先对工程的工期和投资产生巨大的影响。追溯完工的工程,几乎没有哪一项工程是完全可以按照建安量和物资供应的周期来圈定工期的,都有因外部因素引发的工期滞后,至于滞后多少,因工程而异,千差万别。有些要花费数倍于合理工期的时间,更有甚者,仅由于对外协调的原因使工程完全搁浅。对外协调对投资的影响,空间之大,弹性之强,也给管道建设对外协调工作本身带来了很大的困惑。政府的取向不同,对外协调的结果不同,产生的费用差异巨大。此外,对外协调的结果,对建设质量、安全等方面也会产生直接或间接的影响。

因此,对外协调业务对管道建设整体的影响举足轻重。在进行这项工作时,有关手续办理、各种补偿、化解阻工、公共关系、内部管理等方面都需要系统探讨,以利于管道建设对外协调业务在实际工作中的规范化运作和效率化推进。

本书名称为《长输油气管道建设对外协调工作指南》,是从管道建设的对外协调业务方面所做的探讨,但书中的理论和操作并不局限于此,也可用于与之相似相关的很多业务中。例如铁路建设、公路建设、电力线路架设、光缆敷设等线性的建设工程,乃至很多非线性的地面建设工程都有相通之处。愿这些企业的对外协调人员和相关管理人员也能从中得到一些参考和启示。

在本书的编写过程中,刘宝林同志给予了大力的支持和帮助,并对全书进行了审读和修改,在此表示衷心的感谢。

由于笔者的知识水平有限,错误之处在所难免,恳请广大读者批评指正。

目 录

第一章 概论 …………………………………………………………… (1)
   第一节 管道建设对外协调的基本概念 ………………………… (1)
   第二节 管道建设对外协调的任务 ……………………………… (2)
   第三节 管道建设对外协调的特点 ……………………………… (4)

第二章 管道建设主要手续办理 ……………………………………… (5)
   第一节 核准或备案手续的办理 ………………………………… (5)
   第二节 规划许可证的办理 ……………………………………… (11)
   第三节 施工许可证的办理 ……………………………………… (12)
   第四节 临时用地手续的办理 …………………………………… (13)
   第五节 永久用地手续的办理 …………………………………… (16)
   第六节 林业手续的办理 ………………………………………… (17)
   第七节 "四穿"手续的办理 …………………………………… (18)
   第八节 电力手续的办理 ………………………………………… (20)
   第九节 消防手续的办理 ………………………………………… (20)
   第十节 与相关设施或区域的安全距离处理 …………………… (20)

第三章 管道建设相关补偿 …………………………………………… (23)
   第一节 临时用地补偿 …………………………………………… (23)
   第二节 永久用地补偿 …………………………………………… (26)
   第三节 一般附着物补偿 ………………………………………… (28)
   第四节 房屋征收补偿 …………………………………………… (32)
   第五节 林业补偿 ………………………………………………… (36)
   第六节 "四穿"补偿 …………………………………………… (37)

第七节	电力线路及设施迁移补偿	(38)
第八节	施工意外损毁补偿	(39)
第九节	"三桩一牌"用地补偿	(40)
第十节	抢栽抢建处理	(41)
第十一节	土地复垦处理	(42)

第四章 管道建设重要税费 (44)

第一节	耕地占用税	(44)
第二节	临时用地管理费	(46)
第三节	营业税、城市维护建设税、教育费附加	(46)
第四节	土地复垦费	(47)
第五节	协调费	(47)

第五章 公共关系 (50)

第一节	各种协调会	(50)
第二节	各类行政文件	(51)
第三节	日常关系	(53)
第四节	媒体与宣传的作用	(54)
第五节	危机公关	(55)

第六章 化解阻工 (56)

第一节	阻工类型划分	(56)
第二节	阻工化解方式	(57)
第三节	阻工起因及预防	(59)

第七章 对外协调工作的内部管理 (62)

第一节	机构设置及管理方式	(62)
第二节	人员配备	(63)
第三节	工作流程	(64)
第四节	业务培训	(66)

第五节　印章使用 …………………………………………（66）
第六节　资料归档 …………………………………………（67）
第七节　费用控制 …………………………………………（70）
第八节　补偿合同流转及补偿费用拨付 …………………（71）
第九节　《对外协调大事记》的记录 ………………………（72）
第十节　对外协调人员的廉洁自律 ………………………（73）

附录 …………………………………………………………（75）

附录一　相关政策、法规、文件条目 ………………………（75）
附录二　常用表单合同样本 ………………………………（76）

第一章 概 论

在这一章中我们主要探讨管道建设对外协调的概念、任务、特点。期间根据以往各企业的实践和笔者的认知进行这方面的描述,也就是对这项工作划定一下区间并勾画一个内部及外部的轮廓。

第一节 管道建设对外协调的基本概念

管道建设对外协调是管道建设中建设及施工单位对建设手续的办理、建设土地的征租用、建设引发的各种补偿、建设过程中公共关系的运作等相关工作的总称。

从很多企业对这项工作称谓的变化,我们大致看到了其发展历程。1970—2004年期间,很多企业将从事这项业务的机构称之为"征地办",这反映的是以取得用地为主要工作的机构职能。这个阶段管道建设所必需的审批手续较少,很多项目处在审批制阶段,是先完成"立项",再自上而下的办理各项规定的手续。对各项手续而言,基本上不存在办理不下来的情况,只是时间和效率的区别。由于不存在各项评价,也就不存在工程因单一方面欠缺而不能开工的问题。在这个阶段,耗时长和工作量大的就是土地和附着物的补偿工作。好在长输管道大多属于国家或区域重点工程,政治因素较多,政府的态度和力度较大,补偿工作的难度相对也就较小。所以,在这个阶段对主管这方面工作的机构称为"征地办"就比较恰当。

1970年,为解决大庆原油外运的难题,党中央、国务院决策建设国内第一条大口径、长距离输油管道——大庆至抚顺输油管道。当年8月3日,东北输油管道工程建设领导小组在沈阳召开第一次全体会议,并以这个具有历史意义的日期,将这项工程定名为"八三"管道工程,由此拉开了中国长输管道建设的序幕。"八三"管道工程会战开始后,全国各地抽调精兵强将,从四面八方汇集到松辽平原。经中央军委批准,沈阳军区抽调步兵、工兵以及通信、测量等特种兵队伍投入工程,担负最重要、最困难、最危险地段的施工任务。东北三省地方政府也在管道沿线迅速组织起浩浩荡荡的支援大军,分头开赴"八三"工程的沿线工地。石油单位抽调管道施工骨干和技术人员,支援"八三"工程。由解放军、管道技术人员、工人、民兵等组成的近20万人的建设大军,在广袤的黑土地上打响了轰轰烈烈的"八三"工程大会战。

由此看出,在国内早期的长输管道建设中对外协调的任务和工作量相对较小,建设单位更多面临的是施工的技术、资金、设备、材料、工期等问题。随着时间的推移,国内法制法规更加健全,市场经济充分发展,使得工程开工前、建设中和投产前需要办理的手续越来越多,使用土地的难度越来越大,补偿的费用越来越高,因各种情况产生阻工的事件越来越多。这样管道建设外围的、辅助的工作范围增大,远远不是"征地"的概念所能涵盖的。除此之外,2004年,也就是《国务院关于投资体制改革的决定》(国发〔2004〕20号)的文件下发之后,管道建设的很多项目纳入了核准的范围。核准本身对项目前期来说就是一个相当大的工作量。它和用地补偿没有直接关系,再加上其他很多评价,也和用地补偿没有直接关系。征地在整体的项目建设外围工作中所占的比例降低,就此自然地引出了"对外协调"的名称,"对外协调办"就这样产生了。"对外协调办"就是专门处理和建设相关的对外协调事宜的机构,在原来单纯征地和很少相关手续办理的基础上,增加了办理更多手续,处理更多和政府部门以及专业机构的衔接等事务。总体看,这个名称应该说更恰当、更准确地反映了这项工作的性质和内容,显示了这项工作内容上的扩大和难度的提高。

当然,就名称上各企业不尽相同,变更时间上不尽一致,有的企业至今仍然沿用征地办的名称,以上陈述只是反映了管道建设在这项工作中的基本格局和总体形势的变化。

第二节 管道建设对外协调的任务

管道建设对外协调的任务包括:取得各项许可手续和有效证件;取得永久和临时用地;完成房屋及其他附着物的拆迁;完成土地复垦。

各项许可手续和有效证件主要包含核准,规划,河流、铁路、公路、光缆的穿越,林业,消防,电力,"安全三同时",开工许可等方面的手续和证件。这部分的工作量几乎占到了对外协调的一半甚至更多,其中很多是必须在开工前完成的。所以,这方面工作的进展,直接决定着开工时间。没有开工当然谈不上工期,投产也就遥遥无期。由此看,这个环节的工作是对工程的命运具有前期的、决定性的和主要的影响。根据这个情况,很多建设单位在工期安排上给这项工作留出了更充裕的时间。在办理手续的人员方面配备了更多的精兵强将,在相关的法规政策上给予了更多的学习和研究。过往的建设中,很多企业急于开工,功夫花在游说政府上,而未取得全部手续或只取得了少量手续就启动了施工,其后期的推进就命运多舛,受到各主管部门的制约或勒令停工,造成极大的损失。欲速则不达,建立正确的理念,遵守程序操作才是明智的选择。近年来,很多建设单位接受教训,积极调整,有序安排,理顺了"磨刀"和"砍柴"的关系,使后期的工程建设少了许多坎坷。

取得永久和临时用地是管道建设对外协调最直接、最核心、最艰难的工作,其他很多工作是围绕它展开的。永久用地大多对应站场建设,临时用地主要对应管道线路施工、堆管场、施工工艺区等。早期的管道建设对线路通过区域也做过永久征地,但从节约用地和政策的调整角度来看,目前已经不再采用永久用地的模式。政策上变化了,但并不能应对所有情况,如林地和城市土地,尽管也是管道埋地敷设,现实操作中就很难按照临时用地补偿,其中主要原因是这类用地的土地价值和普通农耕地的区别。按照《中华人民共和国石油天然气管道保护法》规定,对管道上方的使用做出了很多限制,这就影响了该块土地的长远规划和种植品种,也就使这块土地的价值发生了不同程度的衰减。所以在处理这类情况时大多采取了变通的办法,就是按照永久用地或接近永久用地的标准来补偿,但并不按照永久用地的性质办理相关手续。临时用地是管道建设中占绝对比重的用地方式,很大的工作量都发生在这里,主要攻克的是标准与现实的对接,需要政府在其间做强有力的支持和大量的工作。

完成房屋及其他附着物的拆迁是管道建设中的顶级难题。很多地区都有拆迁标准,但现实中均很难按照标准执行,由于历史原因,这个范围的补偿就成了弹性最大、协调最难的区间。对外协调人员和工程工期来说,这就是瓶颈所在。很多工程,大多线路和站场完成之后,仅是个别房屋或附着物问题而使工程不能竣工。很多阻工和冲突也发生在这个区间,而体现对外协调功力和水平的也大多在这个业务范围。如房屋征收中,不仅有补偿费用的高低问题,还有住户移居的生产、生活、社会等问题。在坟墓迁移中,大多都无法按照补偿标准执行,原因是中国民俗中有非常厚重的坟墓文化,少数民族就更加独特。在某些地区,坟墓迁移的难度甚至胜过房屋迁移,因为受到"风水"的制约,这远远不是补偿费用和道德伦理所能解决的问题。

完成土地复垦是近年越来越受重视的一个保护耕地和保护环境的环节,也成了对外协调的一个不容忽视的收尾工作,在环境保护、保持耕地品质、树立企业信誉等方面起着重要作用。以往,一些建设单位对外协调人员到这个阶段就容易松懈,把复垦的工作交给施工单位或直接交给农民,缺少监管,结果发生问题,拖延了投产,还给政府增加了工作量。有时因为土地复垦施工质量不到位,经历不同季节或经过雨季后出现了各种问题,不仅给农户的种植带来麻烦,也使管道的埋深不够,留下了管道运行的安全隐患。

第三节　管道建设对外协调的特点

对外协调工作从名称上已经显示了其主要特点。再加上其他的一些特点,综合如下:

(1)大多对企业外部开展工作。如政府机关、评价机构、权属人等,对对外协调人员来说,办理的业务是相对固定的,而面对的人是经常变化的。所以对外协调人员的交际能力、攻关能力就成了胜任工作的必备能力。由此带来的还有对外协调人员对国家行政管理机构运作情况的熟悉和对社会的认知,以及对风土人情、人性伦理的掌握。

(2)横向的平等沟通和协调。对外协调工作的主要对象是地方政府、评价机构、相关企业、权属人等,基本属于平行的关系。虽然从行政和企业级别上有时会出现高低的差异,但在工作关系上基本平等,工作的方式大致是一种协商的方式。对地方政府从充分依靠的角度,呈现出一种请求支持的态势,在具体协调中也经常出现汇报、报告、请示的形式。

(3)从业人员需要较强的综合能力和综合素质。在管道建设中几乎没有人把对外协调当作一个专业,但它切实需要管道建设各方面的专业知识以及政治、法律、社会、公共关系、农业、人文、地理等方面的综合知识。在处理疑难问题时,要调用你所有知识和经验储备,进而体现你的对外协调能力和水平,形成对建设工期的实际推动。在管道建设实际中,经常可以看到,不同标段、不同施工单位,在施工工艺和施工量相当,共处一个县城或一个乡镇,共同面对同一个政府机构和同一区域的百姓时,而工程进展出现巨大差异。一边是风平浪静,稳步推进;一边是鸡鸣狗跳,举步维艰。究其根源,是对外协调能力和水平上的差异。

第二章　管道建设主要手续办理

本章主要讨论管道建设对外协调中的各项手续办理,其中包括核准、规划、临时用地、永久用地、"四穿"(河流穿越、铁路穿越、公路穿越、光缆穿越)、林业、消防、电力等手续的办理,且只涉及手续办理的内容,与其相关的补偿问题将在后续章节中进行讨论。

第一节　核准或备案手续的办理

一、国内长输管道投资项目的审批方式

根据《国务院关于投资体制改革的决定》(国发〔2004〕20号)界定,我国长输管道建设均属于企业投资,不适用审批制,而是根据建设内容和投资额度适用核准制和备案制。

1. **核准制**

1)核准制的概念

《国务院关于投资体制改革的决定》中提出对某些项目进行核准制。核准制是政府对社会投资管理的一种方式,是从维护社会公共利益的角度,对不使用政府资金的重大建设项目和限制类项目进行审查核准。实行核准制的投资项目,仅需向政府提交项目申请报告,不再经过批准项目建议书、可行性研究报告和开工报告的程序。政府对企业提交的项目申请报告,主要是从维护经济安全、合理开发利用资源、保护生态环境、优化重大布局、保障公共利益、防止出现垄断等方面进行核准,不再对投资项目的市场前景、经济效益、资金来源和产品技术方案等进行审批。但投资项目还要依法办理环境保护、土地使用、资源利用、安全生产、城市规划等许可手续。

2)核准制与审批制的区别

核准制与审批制的区别在于,第一,适用的范围不同。审批制只适用于政府投资项目和使用政府性资金的企业投资项目;核准制则适用于企业不使用政府性资金投资建设的重大项目、限制类项目。第二,审核的内容不同。过去的审批制,

政府既从社会管理者角度,又从投资所有者的角度审核企业的投资项目;现在的核准制,政府只是从社会和经济公共管理的角度审核企业的投资项目,审核内容主要是"维护经济安全、合理开发利用资源、保护生态环境、优化重大布局、保障公共利益、防止出现垄断"等方面,而不再代替投资者对项目的市场前景、经济效益、资金来源和产品技术方案等进行审核。第三,审核的程序不同。审批制一般要经过批准"项目建议书"、"可行性研究报告"和"开工报告"三个环节,而核准制只有"项目申请报告"一个环节。从一定意义上讲,实行核准制是我国固定资产投资管理的一项重大制度创新。

在核准制范围内,有国家核准和省内核准两种方式。非核准的项目属于备案制。在《国务院关于投资体制改革的决定》的附件中规定,输油管网(不含油田集输管网):跨省(区、市)干线管网项目由国务院投资主管部门核准;输气管网(不含油气田集输管网):跨省(区、市)或年输气能力5亿立方米及以上项目由国务院投资主管部门核准,其余项目由省级政府投资主管部门核准。

2. 备案制

对于《政府核准的投资项目目录》规定以外的企业投资项目,实行备案制,除国家另有规定外,由企业按照属地原则向地方政府投资主管部门备案。备案制的具体实施办法由省级人民政府自行制定。

对企业投资项目实行备案制,是投资体制改革的重要内容,是真正确立企业投资主体地位、落实企业投资决策自主权的关键所在。认真做好备案工作,有利于及时掌握和了解企业的投资动向,可以更加准确、全面地对投资运行进行监控;有利于贯彻实施国家的法律法规、产业政策和行业准入制度,防止低水平盲目重复建设;有利于及时发布投资信息,引导全社会投资活动;有利于及时发现投资运行中存在的问题,并采取相应的调控措施。

企业投资项目备案制,既不同于传统的审批制,也不同于《国务院关于投资体制改革的决定》中所规定的核准制。与这两项制度相比,备案制的程序更加简便,内容也更简略。省级人民政府应当在备案制办法中对备案内容做出明确规定。除不符合法律法规的规定、产业政策禁止发展、需报政府核准或审批的项目外,应当予以备案;对于不予备案的项目,应当向提交备案的企业说明法规政策依据。

环境保护、国土资源、城市规划、建设管理、银行等部门(机构)应按照职能分工,对投资主管部门予以备案的项目依法独立进行审查和办理相关手续,对投资主管部门不予以备案的项目以及应备案而未备案的项目,不应办理相关手续。

各省级人民政府制定备案制办法,包括备案的方式、内容、时限和材料等。各级地方政府投资主管部门按照规定的时限向提交备案的企业答复予以备案或不予备案;已办理备案手续的项目,如果在实施过程中原备案内容发生重大变化,应当重新备案。

3. 核准和备案需要提交的资料和审批程序

1) 国家核准需要提交的资料

根据《企业投资项目核准暂行办法》(国家发展和改革委员会令2004年第19号),国家核准需要向主管部门提交的资料有:

(1) 项目申请报告;

(2) 城市规划行政主管部门出具的城市规划意见;

(3) 国土资源行政主管部门出具的项目用地预审意见;

(4) 环境保护行政主管部门出具的环境影响评价文件的审批意见;

(5) 根据有关法律法规应提交的其他文件;

(6) 项目所在地政府出具的项目审查意见。

2) 国家核准审批部门

(1) 项目申请报告由中华人民共和国国家和发展改革委员会审查批复;

(2) 城市规划意见由中华人民共和国住房和城乡建设部审查批复;

(3) 项目用地预审意见由中华人民共和国国土资源部审查批复;

(4) 环境影响评价文件的审批意见由中华人民共和国环境保护部审查批复;

(5) 项目总体核准批复由中华人民共和国国家和发展改革委员会下达。

3) 地方核准需要提交的资料

根据《企业投资项目核准暂行办法》,由地方核准项目的管理办法由地方制定。各省市自治区会根据各自的情况确定审查内容。通常需要提交的资料有:

(1) 项目可行性研究报告;

(2) 项目可行性研究报告评审意见;

(3) 项目申请报告;

(4) 项目申请报告评审意见;

(5) 规划选址意见;

(6) 国土预审意见;

(7) 环保意见;

(8) 水土保持意见;

（9）安全预评价报告；

（10）矿产压覆意见；

（11）文物压覆意见；

（12）资金证明。

4）地方核准审批部门

（1）项目申请报告由省发展改革委员会审批；

（2）项目规划选址由省住建和城乡建设厅审批；

（3）国土预审由省国土资源厅审批；

（4）环保由省环境保护厅审批；

（5）矿产压覆由省国土资源厅审批；

（6）文物压覆由省文化厅审批。

根据国家发展和改革委员会（以下简称发改委）2010年9月17日颁发的《固定资产投资项目节能评估和审查暂行办法》，在办理核准的同时，还要办理节能评估和审查。节能评估和审查已经作为对项目审批、核准或备案的前置性条件。固定资产投资项目的节能审查意见，与项目审批或核准文件一同印发。节能评估和审查在国家核准的项目由国家发改委负责审查，在省内核准的项目由省发改委负责审查。此外，各省市根据自身的情况还规定了一些特定需要报审的项目。

4. 审核方式变化对项目运作发生的影响

1）程序简化

企业投资建设实行核准制的项目，仅需向政府提交项目申请报告而不必报送项目建议书、可行性研究报告和开工报告。

2）由自上而下办理手续转为自下而上审批

在审批制的"立项"之后，各项手续获得了合法的办理基础，在地方和主管部门办理手续中只是履行必要的程序和进行必要的调整，基本不存在项目的成立和可行的问题。而核准制履行中各项手续是从底层办理开始，有些审批甚至要从乡镇开始。在这些环节中，出现任何对项目质疑和否定的意见都将终止核准的进程。由此，极大地增加了获得批复的难度和延长了获得批复的时间，为工期的保障增加了极大的不确定性。核准制体现的优势在于，在核准手续的办理中，由于必须获得个地方主管部门的意见，有些是基层职能部门的意见，他们对线路所经之地的情况更熟悉，能够及早提出调整意见，可以避免线路选址优化的缺失和后期调整的困难，这有利于项目投资的控制。同时在核准手续办理过程中，也是一个项目的认知过程。沿线政府和民众可以在此期间对项目产生一定的了解,为后期的项目实施补偿、房屋征收等工作做好心理准备,可以在项目实施过程中超前获得一定的支持度。

5. 核准手续办理需要注意的若干问题

1)合理确定核准等级

目前核准分为国家和省内两种核准等级,按照政策规定有明确的界定,根据《国务院关于投资体制改革的决定》,"输油管网(不含油田集输管网):跨省(区、市)干线管网项目由国务院投资主管部门核准。输气管网(不含油气田集输管网):跨省(区、市)或年输气能力5亿立方米及以上项目由国务院投资主管部门核准,其余项目由省级政府投资主管部门核准。"根据这个界定,当输油管道工程项目不跨省(区、市),输天然气管道工程项目不跨省(区、市)或年输气能力5亿立方米及以下时则采用省内核准的方式。在实际办理核准的过程中,国家核准和省内核准有等级的明确差别,也就是说,国家核准需要两级办理,既有省内的,也有国家的,它的复杂程度和时间跨度明显要大很多。基于此,对于需要建设的项目就要从可研前期做出定位和选择,不可分割的单独项目要根据涉及地域做相应的核准,可以分割和可以分期实施的项目,尽可能选择省内核准,这样可以减少程序,提高时效。而且建设期间联系最密切的就是地方政府,在地方政府经过充分的核准审核后,能给后续的施工做出很好的铺垫。反之,进行国家核准,时间漫长,由国家主管部门需要协调的地方部门多,出现的问题多,会极大地延长建设周期。

2)核准内容的确认

对于国家核准的项目首先要与国家发改委沟通,针对项目获得权威部门对核准规定提交要件和核准程序以及相关具体要求。虽然从法规政策上都有明文规定,但针对具体项目主管部门还会有附加和更为具体的要求。在充分沟通后将这些内容明确记录,请主管部门审阅,作为此次项目核准的纲要,围绕这个纲要制定项目核准计划整体方案,包括工作计划、人员配备和分工等。对于省内核准的项目也要遵循这个基本原则。因为省发改委往往在核准内容上有更大的调整和体现自身的需求,这就更需要确认。进行省内核准首先就是要与省发改委沟通,开列核准提交资料的清单,并标明哪些是需要批复的,哪些是不需要批复的,因为各省存在较大差异,用通行的内容启动工作会存在时间风险。如果没有按照省发改委的指示和具体要求展开工作,等到单项评估和批复完成后送省发改委审理时再提出有遗落和补充,这将需要重新花费委托、评估、批复的全程序时间,形成了"木桶效应",整体资料的提交时间只能等这个单项完成后再实施,这个代价对任何项目来说都是巨大的。

3) 评估机构的选择

无论国家核准还是省内核准,选择评估机构时主要有三个要素。一是批复部门的认可度,这就是说,要与批复部门充分沟通,听取他们的意见,尽量采用他们推荐的机构,这个意义在于保障后期的调整和获取批复的顺畅。因为凡是主管部门认可的机构均熟悉主管部门的政策、业务、审批流程、人际关系等,这些都是保障目标顺利完成的必要条件。二是符合国家规定的资质和良好的业绩,这是构成评估的要件,在选择过程中要认真审核。三是费用的比选。因为评估业务的收费计算方式存在较大差异,调整空间较大,这就需要努力降低费用。如果有一定可选数量的机构,则可以采用竞价方式优选,形成在标的相同的情况下,择低价选择评估机构。

4) 评估过程的沟通和协调

不能以为完成委托就可以等待结果,中间的沟通会对结果产生直接的影响。譬如水土保持评估中就涉及多项费用的收取额度,这既要熟悉政策,又要参考专家和基层主管部门的意见,这就需要在评估过程提前沟通协调,以便顺利通过评估和批复。在国土预审中,要经历听证过程,在这个过程中也要超前了解基层的意见,超前做好工作,以保证听证会效率和顺畅。如文物压覆,要充分配合,与勘察部门讲解施工工艺和现场的操作程序,制定更为有效灵活的勘察和发掘方案,调整好施工和文物保护的关系,同时也可以降低相关费用。

5) 各种数据的严谨性

一经评估,各种数据就是板上钉钉,需要修改就意味着评估和批复的重新进行,这无论在时间上和费用上都是巨大的损失。尤其永久用地国土预审,一旦结果形成,超用土地不仅违规,也无法获得手续。所以在申报时就要反复核实,甚至宁可提交稍大一点的需求,也不能在后期再变更增加用地需求。还有用地地点,在设计时务必落实,不允许后期变更。设计调整的随意性往往来自于管道线路的临时用地,因为临时用地会随着施工进入现场遇到的实际问题做小范围的调整,这在后期办理规划许可时还有调整的空间。但对于永久用地的国土预审,就没有这个余地。

6) 统筹安排,保证单项完成时间的整体性

根据总体提交的资料,分单项分析需要花费的时间,在委托过程以最终提交

给核准批复部门的时间为准签订委托合同,以最终提交时间倒计时,协调各项评估的所需时间,力争在同一时间完成,以便统一向上提交。

7)有关评估发生的费用

评估过程发生的费用大致有评估报告制作费、会务费、专家评审费、手续费、政策规定的文物勘察发掘费、水土保持费等。

报告制作费是业主委托具有一定资质的评估单位在制作评估报告过程中发生的业务费用,这项费用一般依照行业标准收取,参照工程总投资和评估报告的业务量确定,一般占工程项目总投资的 0.1‰ ~ 0.3‰,其中既参照标准也需要双方协商。

会务费是指评估过程中的协调会、评审会等会议产生的费用,这类费用可以由业主直接承担,也可以根据业主与受委托制作报告的单位约定由报告制作单位承担。

专家评审费是评审过程中发给专家的费用,可以由业主直接承担,也可以根据约定由报告制作单位承担,费用额度根据专家等级和评审时间确定,一般每人每次 1000 ~ 2000 元。

手续费是发生在批件办理过程的费用,一般数额很小。文物勘察和发掘费是发生在文物压覆评审中的费用,在文物压覆明确的情况下,如果无压覆则办理允许建设的批文,如有压覆就涉及详堪或发掘的费用,这项费用根据业务量确定,一般占工程项目总投资的 0.1‰ ~ 0.3‰。

水土保持费是根据工程占用土地范围产生的水土流失情况而发生的水土流失补偿费,一般占工程项目总投资的 1‰ 左右,根据各地的规定和具体治理项目的费用概算确定。

第二节 规划许可证的办理

在管道建设中,规划手续办理分为线路和站场两方面的许可,每个类型的规划许可证还分为"建设用地规划许可证(通称黄证)"和"建设工程规划许可证(通称绿证)"。

以上规划许可是项目开工的前提,在未取得上述许可证时开工属于违规作业。

一、线路规划许可

线路规划许可证办理的难点在于线路走向与铁路、公路、高压线路、大型建筑物、采石场、易燃易爆处所、水源地、各种保护区的关系。通常,规划审批部门会要求申报项目方自行与前述单位协商并取得这些单位的签字获准。在这个过程中,这些单位往往使用各自的行业规范——主要是安全距离来评判申报项目的可行性,在可调节的范围里,通常偏重本单位的最大安全距离而对申报项目选线造成诸多困难,尤其在城市人口稠密区,因为走向过分躲避上述设施和区域就会造成大量的房屋拆迁等问题,使对外协调难度和建设成本推高。因此,这个规划手续的办理就需要由规划部门出面协调或直接与上述单位努力沟通,以获得最大限度的理解和支持,最大限度地压缩管道线路与上述设施和区域的距离,以优化管道建设路线,争取缩短工期,降低建设成本。

二、站场手续的办理

在办理站场"两证"(建设用地规划许可证、建设工程规划许可证)中,主要是理顺产权关系和做好安全论证。对于新建站场来说,不存在原站场的产权问题;而对于改扩建的站场来说,就需要根据原资产的产权归属办理手续。由于历史原因,现运行的站场大多经历过资产重组,产权证登记单位很多不是目前的运行管理单位,这就需要产权证登记单位来出面办理手续,这中间就需要大量的行业内部协调。在安全论证方面,一般地方政府要求进行专家论证,这就需要建设业主做好组织,提供资料,以便顺利通过论证或评审,获得规划部门的许可。

在站场手续的办理中,建设单位通常出现滞后的情况,尤其是现有站场改造,认为在自有的站场里施工不需要重新办理什么手续就自行开工,结果与地方主管部门发生冲突,为后期的手续办理带来不顺。在制定工期计划中,也要充分考虑办理手续的时间,不能仅凭项目建设单位的意愿制定出不合实际的工期计划。

第三节 施工许可证的办理

根据《中华人民共和国建筑法》的规定:建筑工程开工前,建设单位应当按照国家有关规定向工程所在地县级以上人民政府建设行政主管部门申请领取施工许可证;但是,国务院建设行政主管部门确定的限额以下的小型工程除外。按照国务院规定的权限和程序批准开工报告的建筑工程,不再领取施工许可证。

一、申请领取施工许可证应当具备的条件

(1)已经办理该建筑工程用地批准手续;
(2)在城市规划区的建筑工程,已经取得规划许可证;

(3)需要拆迁的,其拆迁进度符合施工要求;

(4)已经确定建筑施工企业;

(5)有满足施工需要的施工图纸及技术资料;

(6)有保证工程质量和安全的具体措施;

(7)建设资金已经落实;

(8)法律、行政法规规定的其他条件。

二、办理依据

(1)《中华人民共护国建筑法》(中华人民共和国主席令第91号);

(2)《建筑工程质量管理条例》(中华人民共和国国务院令第279号);

(3)《建筑工程施工许可证管理办法》(建设部令第71号);

(4)《关于加强建筑工程施工许可管理工作的通知》(建办建〔1999〕67号)。

三、申报资料

(1)建设用地批准书、建筑工程防火审批及消防设计审核意见书,建设工程绿化规划审批书,防空地下室易地建设审批表;

(2)建设工程规划许可证;

(3)建设工程勘察设计文件审查报告书及建筑施工图审查意见书;

(4)建设工程施工合同;

(5)建设工程监理合同;

(6)建设工程质量和安全监督手续;

(7)资金保函证明;

(8)填写合格的《建设工程施工许可证申请表》。

第四节 临时用地手续的办理

临时用地是指工程建设施工和进行地质勘查需要临时使用,而在施工或者勘查完毕后不再使用的国有或者集体所有土地。临时用地具有使用土地的临时性和不改变原土地使用性质的特点。

一、临时用地应具备的条件

(1)建设项目施工和地质勘查需要临时使用国有土地或者集体土地的;

(2)占用基本农田以外的耕地和未利用地从事养殖业,不建设永久性建筑物的;

（3）在城市因建设工程施工、堆料和其他需要，临时使用土地的；

（4）其他符合规定需要临时使用土地的；

（5）临时用地不得修建永久性建筑物，时间不得超过两年，期满确需继续使用的，应当重新办理临时用地审批。

二、临时用地的批准

《中华人民共和国土地管理法》第 57 条规定：建设项目施工和地质勘查需要临时使用国有土地或者农民集体所有土地的，由县级以上人民政府土地行政主管部门批准。根据这一规定，临时用地由县级以上人民政府土地行政主管部门批准，即由县级以上人民政府国土资源管理部门批准。

三、临时用地的程序

（1）临时用地单位与土地的所有者或者土地使用者就临时用地的补偿和使用后土地的恢复等事项达成初步协议；

（2）临时用地单位向当地市、县人民政府土地行政主管部门提出临时用地申请；

（3）市、县人民政府土地管理部门对临时用地申请进行审查，作出是否批准临时用地的决定；

（4）临时用地经批准后，临时用地单位与临时使用土地的所有者或者使用者正式签订临时使用土地合同，并按照合同的规定向临时使用土地的所有者或者使用者支付临时使用土地的补偿费；

（5）临时用地单位按照批准的用途和期限合理使用土地。使用期满，按规定要求将临时使用的土地交回原土地所有者或者使用者，并负责恢复土地的原使用条件。

四、临时用地的补偿

建设项目施工和地质勘查临时使用土地，会给土地的所有者或者使用者造成一定的经济损失。所以，临时用地单位应当给受损失者一定的经济补偿。经济补偿事宜在临时用地单位与土地所有者或者使用者双方签订的临时使用土地合同中予以确定。补偿标准按照给土地所有者或者使用者实际造成的损失确定。

五、当事人申请临时用地需提交的资料

当事人申请临时用地需向土地所在区域的国土资源部门申请临时用地，填写《临时用地申请表》，并提交资料：（1）省一级人民政府的项目批准文件；（2）在城

市规划区范围内的,还需提交规划部门同意临时建设的书面证明。

六、管道建设用地特点

管道建设用地的最大特点就是大量的临时用地。因为是线性工程,而且是埋地施工,在管道建设期间需要使用作业带进行作业,当施工完成后,管道敷设到地下一定深度,根据不同地域、不同地质、不同管道输送介质和不同输送工艺,会有不同的埋深,通常埋设管顶在地表1200~1800毫米以下。根据管道建设特点,这种临时用地具有施工期短,竣工后不影响农业耕作,对未来建筑等特殊规划影响小等特点。根据施工的具体情况,一般作业带用地不超过一年,因为管道临时用地只有在扫线时才对耕作发生影响,后期管道焊接,下沟,回填完成后农民即可继续耕作。但由于季节的原因和管道施工的通过速度不同会对农业的耕种产生不同的影响。例如在东北地区,春季未耕种前用一个月完成施工,等于未对耕作产生影响,但在南方全年可耕作地区,无论何时施工都要首先清理地面的青苗,而错过一两个播种季节的情况,这对农民的收入就会产生相对较大的影响。在管道敷设后,施工单位要做好土地复垦,包括地貌的恢复和地力的恢复。根据不同地区的地质情况,恢复的难度不同,未来对土地产能的影响程度也不同:通常南方影响较小,北方影响较大;对土地肥沃、雨水丰沛的地区影响较小,对土地贫瘠、干旱少雨地区影响较大。但总体在管道施工后做好充分的土地复垦都能迅速重新耕种。所说的对未来建筑等特殊规划发生的影响就是非常复杂的情况了。因为根据《中华人民共和国石油天然气管道保护法》规定,在管道上方和一定距离内,不可以建房和实施对管道安全有影响的行为。根据这些具体规定,在这里的土地继续农业耕作时没有对土地的价值发生影响,但一旦规划为各种开发区,有特殊用途时就会对土地的用途转变产生困难,随之该土地的价值也产生了衰减。

根据以上情况,管道建设对土地造成的损失有现有的青苗价值、作业期间停止的耕种丧失的产值、土地复垦需要的投入和未来预期土地衰减的价值。目前能够按照标准补偿的就是青苗费、土地补偿费,土地复垦如果由施工单位完成也就不存在补偿问题,有些根据实际情况由农民自行复垦也就转变成复垦费,由建设方支付给农民。至于土地价值预期的衰减则无法衡量,也没有补偿标准可以遵循,这是一个现实的通过权问题,很多在城乡结合地区比较明显,是一个需要解决的实际问题,很多地方在补偿文件中明确制定了区位价,重点对永久用地确定了补偿价格,有些也同时对临时用地规定了标准,没有直接对临时用地补偿下达标准的也可以参照永久用地实施补偿。总之,通过提高补偿来获取管道通过权的实际做法已经越来越明确。

在填写《临时用地申请表》时涉及临时用地数量,这要根据测量数据获得。数据依据是能否顺畅补偿的重要环节,有两种模式可以参照。一是完全经各方确认的具体数据,二是由审批单位确认的测量数据。管道建设中为保证补偿的准确性,通常测量过程要由建设单位、监理单位、施工单位、土地管理部门、村政府、土地使用人共同测量签字确认,以便后期依据这个结果进行补偿,有时连同地上附着物一并确认。这种方法虽然操作比较复杂,但这是最为准确,也是最为被补偿户认可的方式,也是一次完成不需要反复,便于处理与之关联事项的测量方式。审批单位的测量,主要是行政方式,一般由县一级国土管理部门操作,为临时用地的审批和收取管理费提供依据。在办理手续过程中,采用这种方式相对快捷高效,可以尽快取得临时用地手续,推动下一步工作。但在实施补偿时,只能以国土测量的数据作为参考依据,被补偿户各家情况还要单独测量,其累加总体数字可能与国土测量不吻合,一般单体累加后要大于国土测量,但补偿中仍要以单体测量为依据。

临时用地测量涨尺是对外协调操作中客观存在的情况,但要控制在合理范围。控制范围以设计GPS测量为基础,地方国土测量涨尺率不得超过0.5%,多方联合测量涨尺率不得超过0.8%。

管道建设临时用地时限通常为一年,计算方法是日历年计算方法,以合同签订时间为起点,以日历年日期为终点。这是根据管道建设施工周期确定的,但很多具体情况下可以根据实际情况调整。这包括压缩和延长期限,通常压缩为多。还可以压缩实际用地时间。因为农耕的季节原因,何时用地、用多长时间对土地产值会产生比较复杂的影响,所以要根据施工情况和农耕情况具体协商,确定用地合同内容。

第五节　永久用地手续的办理

管道建设中,永久用地虽然数量不大,但手续办理程序复杂,对整体工期影响很大。因为站场、阀室建设必须办理永久用地手续。在长输油气管道建设中,有些是完全的新建,有些是在原有的站场或阀室基础上改造,但改造如果设计增加用地,办理手续和新建完全相同,这对建设来说必须统筹考虑,保持和整体工期同步完成手续办理。站场建设施工相对复杂,涉及设备订货周期、土建施工条件和周期等,这就需要比线路更为宽松的建设时间。恰恰相反,线路是临时用地,站场是永久用地,站场用地的手续远比线路复杂,地方政府对永久用地的使用控制得更为严格。由此造成了很多项目必须在手续未办理完成前就实质启动站场土建工作,这需要政府的充分支持。但在没有完成手续的情况下施工属于违规违法操作,政府的破格支持也很难操作。由此引发的一边施工,一边接收政府的罚单,一面进行手续办理,一面进行多方协调的尴尬局面几乎成了管道站场建设的一个常态。解决这个问题的唯一办法就是超前、快速、准确地办理永久用地手续。

所谓超前就是在开工前,完成可研和初步设计后立即投入手续办理过程;所谓快速就是选择委托优秀且与省一级国土部门能够顺畅沟通的评价单位负责全程的手续办理事务。所谓准确就是项目建设单位提供的用地位置、面积要准确。这是一个看似简单但往往严重影响永久用地手续办理的一个问题。经常出现申报数据不断变更,甚至出现土地预审完成后重做的情况。产生这种情况的原因就是站场选址和测量不够严谨,不够深入,这种因数据调整而影响手续办理以至影响工期的教训在管道建设中时有发生。

永久用地手续办理的第一个基础手续是取得土地预审。这要通过国土测量部门进行用地测量;委托评估单位编制土地预审报告;在使用土地地区召开听证会通过听证;由省国土部门组织专家通过用地评审;报省国土部门进行批复。批复还要根据用地数量和土地性质确定审批权限,有的可以在省内审批,有的需要国家审批。

在取得土地预审后,用地单位要根据当地政府审查的征地方案对征地村、户实施补偿,落实安置方案、养老保险方案。涉及耕地的要到国土部门办理补充耕地手续,按规定缴纳耕地开垦费。

在以上工作完成之后,用地单位向国土部门申请办理土地有偿(划拨)使用手续,取得《建设用地批准书》以及《中华人民共和国集体土地建设用地使用证》或《中华人民共和国国有土地使用证》。

第六节　林业手续的办理

林业手续办理在各地区的程序和要求不同,通常由省林业部门主管审批。通常经过林业测量、编制占用林地可行性报告、建设单位与林权人签订补偿协议、林业主管部门审批、发放采伐许可证等程序。

管道建设林地手续办理具有两大特点:一是手续烦琐,二是与林权人签约难度巨大,这都容易造成获得采伐证的极大难度,对工期产生严重影响。所以,对于这项手续的办理要有严密的计划和超前的安排。顺利时,可以与施工正常衔接;被动时,施工会因为林业手续的不到位而无法实现管道建设的顺序施工,造成频繁转场,空耗大量的人力物力,甚至在全线需要贯通时,还存在"钉子林"、"钉子树"。

与林权人签约的过程是林业手续办理的最大难点。因为补偿依据是林业部门根据地方编制的标准执行的,有时标准不能及时更新调整,不完全符合市场的变化情况,也就是说,林业部门制定的补偿标准往往低于现实市场的交易价格,造成了林权人的不认可,拒绝签约。而签约不成功时,林业主管部门又不能对林地使用进行审批,无法下发采伐证。这就使得签约成为林业手续办理中最为耗时、最为棘手的环节。因此,在林业手续的办理中要掌握三个原则。一是优先启动原则。在各项手续办理中分轻重缓急,清楚了解林业手续的多种不确定性,所以要留足充分的时间,避免"木桶的短板效应"。二是充分依托各级政府的原则。当建设方和林权人在补偿价格上发生分歧时,唯一可以妥善协调的就是政府部门,尤其是基层政府。在这种情况下,政府会细致分析补偿分歧的原因,准确判断林权人要求的合理性,首先是做思想工作,之后是根据实际情况提出协调方案。基层政府即便是对标准实施了个别调整,也会依据充分,避免全面补偿标准的动摇,可以负责对个别不合理的要求给予解释和平复。三是不可以在手续未办理完成时采用任何变通手法砍伐树木。可以理解,因为工期和施工费用的原因,无论业主还是承包商都希望顺序施工,当遇到林地时总会产生尝试通过。例如和林权人或政府有关部门沟通,获得一定程度的默许或同意。但应该清楚地认识到,只要手续未完成,实施砍伐均属于违法行为,其结果是要承担法律责任,结果适得其反,不仅工程不能推进,还要接受罚款甚至刑事处分等。不仅付出了经济代价,还对企业和项目的形象产生巨大的负面影响。

第七节 "四穿"手续的办理

管道建设中的"四穿"是指"河流穿越、铁路穿越、公路穿越、光缆穿越"。这是管道建设常见的穿越方式,除此之外还会遇到其他一些特殊性质的穿越,暂不作为本书的探讨内容。

(1) 河流穿越手续的办理。河流穿越是"四穿"中的难点,尤其是大型河流手续的办理需要较长的时间审批。其中涉及审批部门级别较高,资料流转较复杂。审批主要是对穿越方案的合理性的审查。期间还包括监理的委派,分项目施工队伍的选择,穿越通过费的收取等内容的大量协商。

(2)铁路穿越手续的办理。铁路穿越手续在铁路产权和管理部门办理,如果是在建或未建(已有规划)的高速铁路,有些地区还需要在高速铁路建设部门和高速铁路管理部门同时办理手续。通常铁路部门会提出自行施工的要求,这需要双方的协商,因为如果采取由铁路部门施工,也就容易通过验收,对管道建设的工期有所保障。在手续办理和合同签订中,铁路部门往往出于自身铁路规划和发展的需要,提出如果将来铁路需要扩建和改线对管道发生影响时,发生的管道调整费用由管道方自行承担。这个条款带有一定的不合理性,但这是属于国家法律调整的范围,属于产业或行业之间的协调问题,具体到管道建设中,一方面是协商签约,另一方面就是管道建设方被动接受。对这样的合同,建设方在审查时往往提出异议,但这实在是一个无法逾越的手续办理问题,是个呼唤公平的问题。

(3)公路穿越手续的办理。这项手续的办理带有多样性。目前涉及的主要有高速公路、国道、省道,县级公路,乡级公路。主要协调量在缴纳的费用上,其中有通过权的费用和保证金。对于直接通过权费用可以遵循有关依据,通过谈判在合同中加以约定。作为保证金则是较难处理的费用。保证金的意义在于施工若干时间后未发生道路的塌陷变形等情况再给予返还。由于时间的跨度、管理部门的变更和评价标准的差异,返还成为很难实施的一个程序。因此对管道建设费用管理就成为一道难题。在对外协调中尽可能要免除掉这项费用,无法做到时要努力转化为通过费用,并将此费用降至最低。在这项手续办理中。面对的是收费的多样性和极大差异,需要政府协调的工作量和谈判的工作量较大,对外协调人员的努力程度直接影响着手续办理的难度和取费额度。

(4)光缆穿越手续的办理。这项手续的办理主要是洽谈通过的费用。在目前的管道施工中,由于管道选线与光缆选线有很多相通性,加之光缆的建设速度、建设密度空前提高,与管道的交叉并行日益频繁,给管道建设带来了更大的施工和对外协调难度。对对外协调人员来说,穿越光缆虽不是什么高难协调,但它的琐碎和费用的可接受程度都会考验对外协调人员的智慧和耐心,不认真对待,也会出现对工期的影响和费用的居高不下。

在管道建设中除以上"四穿"外,在通过高压电路时需要特别做好沟通,取得电力部门的确切认可。在以往管道建设中曾经出现过这类冲突,不仅给管道建设后期的调整产生巨大费用,还造成行业间的矛盾,甚至有些提交到国家进行高层协调。这类事件的发生均源于规划选线阶段没有完成很好沟通,对管道建设来说,更有责任实施主动行为,既要遵循自身的设计规范,又要充分听取电力部门的意见。

第八节 电力手续的办理

电力手续的办理为管道建设所熟知，但何时办理却容易出现模糊概念，认为不到投产时就不涉及电力问题。实际上，在各地区的电力管理中都有自身的规范、用电规划等约束。这些都对管道建设的站场电力容量设计，设备采用、安装、验收等有着严格的制约。如果管道设计单位只考虑满足项目要求而不结合地方行业规范就可能产生两个后果，一是地方电力部门对工程的不认可，不予办理任何手续，二是对已经安装完成的设施责令整改。这将对管道建设造成巨大的工期影响和投资损失，也给对外协调造成了难以逆转的被动局面。所以，在可研阶段，对外协调人员就需要及时与地方电力管理部门沟通，征求意见，提交资料，办理相应手续，将调整安排在建设前期，将关系理顺。

第九节 消防手续的办理

在建设前期，如果是地方核准项目，地方在做项目审查时会邀请消防部门参加，审查项目消防方案的合规性。在办理建设施工许可证时，需要有消防部门的通过才可以由建设主管部门发放建设施工许可证。在工程竣工验收时，消防是决定可否竣工的专项环节。在这里提及消防就是要对外协调人员重视消防在工程建设中的全过程结合。从可研阶段就开始与消防部门沟通，接受监督和审查，将问题化解在前端，获得消防部门的认可，以便后期水到渠成地通过验收，避免出现较多积重难返的情况。这主要体现在站场建设，尤其是对站场改扩建，往往觉得是在原基础上的建设，误以为与消防无关，忽视前期的申报和结合，造成违规建设，纠正起来代价很高。

第十节 与相关设施或区域的安全距离处理

按照管道建设程序，管道敷设与相关的饮用水水源保护区、自然保护区、铁路、公路、电力设施、易燃易爆场所等的安全距离由管道设计部门掌控，按照法规处理。需要探讨的是，在实际操作中仍有一些模糊地带。这来源于法规界定的弹力空间或行业的各自解释的概念差异。因此，面对这类问题就产生了艰巨和复杂的协调工作,这项工作单靠设计部门的沟通很难完成,有些甚至成为工程建设前期或者过程中最为棘手的问题,非高层协商不能解决。下面就经常涉及的问题和解决的方法予以探讨。

一、与饮用水水源保护区的安全距离

这是管道建设在设计走向时就要解决的问题,但问题在于此时项目还没完成项目核准,其中的环境评价还没有得到批复,所以管道与水源地的安全距离就要在项目进行中不断的协调。在这项协调中,设计部门要与业主密切配合,及早向地方主管部门提交路由申请,以便及早展开专项论证。这项工作的关键在于及早展开论证,在此期间不要依赖单一部门和人员的意见或许诺,要取得权威性文字意见,为环评的通过提供条件。

二、与自然保护区的安全距离

自然保护区从保护对象上大致分为生态系统、野生生物、自然遗迹三类,现行的各区域的保护范围和标准都不尽相同。业界流行的概念将自然保护区内又划分为核心区、缓冲区、实验区。通常在核心区和缓冲区都禁止各种项目建设和开发,但就国内保护区"三区"的划分标准和保护限定内容上,理论界、国家法规和地方政府主管部门则存在较多解释和执行上的差异。因此,管道建设单位既要本着承担社会责任的原则,又要把工作做到位,努力降低建设成本。具体讲,就是优化线路走向,缩短管道长度。当下,很多保护区的建立还处在初级阶段,并没有进行严密的论证,难免出现区域范围界定宽泛的情况。当然,这不排除政府注重自然保护的态度和对当地资源的珍惜,但同时也容易产生对建设和开发的极大制约。面对这些就要充分协商,科学论证,排除人为的立场偏颇的行政裁决。对于这个协调工作,建设单位要投入充分的精力,因为这对管道建设的投资具有重大影响,管道线路的调整和绕行都是大幅度的。协调任务所追求的就是经过科学和严密的论证,在应该得到保护的范围外,实现管道的最短走向。对于建设单位,要舍得投入深入调研、充分论证的资金,不要在初期就回避问题,眼光转向绕行。

三、与铁路的安全距离

管道与铁路并行敷设是管道建设中经常出现的情况。随着城镇人口密度的增加,土地使用的飞速升值,伴行铁路用地就成了一个影响投资的重大因素。按照《输油管道工程设计规范》要求,"管道应敷设在距离铁路用地范围边线 3 米以外"。以新建的长春市境内哈大(哈尔滨—大连)高铁为例,铁路用地为 9 米,故输油管道应在铁路线外 12 米外敷设。但按照《铁路工程设计防火规范》要求,"输送

原油管道与邻近铁路的桥梁外侧防火间距不应小于 50 米"。这个 50 米的距离是铁路部门根据《石油天然气管道保护条例》修订了《铁路工程设计防火规范》的结果。在《中华人民共和国石油天然气管道保护法》取代了《石油天然气管道保护条例》后,铁路部门并没有随之调整。这是行业规范之间存在的差异,并不是实质影响铁路安全的距离问题。在处理这个距离问题上,如果铁路在先,管道建设部门要积极与铁路部门沟通,有针对地进行论证,达成一致,妥善解决伴行距离问题。需要注意的是,管道的设计部门不能只遵循自身的行业规范操作,这将导致出现后期的争端,发生艰难的协调,完全可能使管道建设蒙受重大损失。

四、与易燃易爆场所的安全距离

管道线路附近的加油站、加气站、液化气站、烟花爆竹生产或库房等场所在线路设计时有的没被发现,地方规划部门对线路的走向批复时也没有考虑。这种情况有的在建设中及时做了调整,有的就导致了建设后的尴尬。因为这些场所很多权属是小企业,在规划批复时不能列入征求意见部门,使建设信息无法传递。针对这些场所在有关法规中都有安全要求,但很多未能具体描述与管道线路的安全距离,各地的安全部门解释也不尽相同,经常因此出现安全距离上的分歧。所以,在管道建设中,首先从设计选线要做到清楚了解周边情况,及时调整。不便调整的,要及时沟通。沟通无效的,要及早论证,把问题解决在管道线路申报临时用地之前。

第三章 管道建设相关补偿

本章就管道建设常用的临时用地补偿、永久用地补偿、附着物补偿、房屋征用补偿、林业补偿、各种穿越补偿、电力线路及设施迁移补偿,施工意外损毁补偿(水淹、定向钻等)、"三桩一牌"(里程桩、转角桩、测试桩及管道保护宣传牌)用地补偿、抢栽抢建处理、土地复垦处理等进行探讨。以上补偿是管道建设对外协调的核心工作,很多对外协调内容要最终完成补偿才可以实现问题的解决,工程建设才可以展开,几乎所有的对外协调工作都是围绕补偿进行的,所以补偿又是对外协调的日常的、标志性的工作。

第一节 临时用地补偿

临时用地是管道建设中补偿量最大、工作量最大的一项内容。从一条管道建设的总体补偿量来说,一般约占60%~70%,在偏远荒凉地区甚至占80%~90%。根据占补偿量的比例,我们不难看出,做好临时用地的补偿工作对工程建设具有极其重要意义。

临时用地是指工程建设施工和地质勘查需要临时使用、在施工或者勘查完毕后不再需要使用的国有或者农民集体所有的土地,不包括因临时使用建筑或其他设施而使用的土地。使用者应当按照临时使用土地合同约定的用途使用土地,并不得修建永久性建筑物。临时使用土地期限一般不超过两年。

按照通常的情况,管道建设临时用地一般不超过一个日历年,用地操作程序分为作业带宽确定、测量、补偿、扫线、施工、地貌恢复等环节。下面按照这些环节逐个加以探讨。

一、作业带宽确定

作业带宽的确定决定着施工的顺畅、工程成本的控制。其原则是在满足施工技术要求、区位地价的承受能力的前提下,最大可能减少土地使用量。从施工的技术要求方面,管径的不同,所需的作业带宽不同,管径越大则需要的作业带宽度越宽。作业方式不同,所需的作业带宽度不同,完全的机械化流水作业,需要的作业带宽度较大,而采用人工开沟、支架焊接、人工下沟则需要的作业带宽度减少。

在河流、公路等穿越中,如果采用大开挖方式,用地量也会加大,在线路的弹性敷设、转角敷设时也会加大用地量。不同地形地质,如山地、荒漠、隔壁、旱地、水田、沼泽、冻土等都有各自所需的作业带宽度。技术和地形地貌的因素在设计中基本可以得到考虑,在新管道建设中大多可以依据以往的建设成果和经验加以确定。

另一个需要参考的因素就是区位地价,本书指的区位地价既包含地方政府在补偿中以文件形式确定的区域补偿差异,也包括了项目本身在各不同区段通过协调谈判所形成的补偿地价。因为在同一地区或同一项目的线路上,临时用地有时补偿标准差价可以达到几十倍。面对这样的差异,在地价偏高的区域就要通过调整技术措施压缩作业带宽度,以降低工程成本。例如城市繁华区,房屋拆迁密集区等都需要采用特殊施工工艺来完成,以最大限度降低补偿费用。在以往管道建设中采用的作业带宽度最大达到 28 米,最小只有 8 米。此外,作业带宽度确定还有一个重要因素就是环保因素。在我国南北方这个因素较为弱化,这些区域自然环境较好,地表恢复相对容易。在我国西部地区,生态脆弱,植被稀疏,地表形态历经多年形成,一旦扰动,很难恢复。在这些地区,要本着环境优先的原则确定作业带宽度,以达到对地表的破坏最小化。

二、用地测量

在同一个项目中,不同施工工艺、不同地形地貌、不同区位用地价格一经确定,也就形成了标准和框架,就可以进入测量阶段。例如某项目为在东北地区建设的原油管道,管径为 813 毫米,确定作业带宽度为大开挖河流穿越 30 米,稻田 18 米,旱田 16 米,省会城市 12 米,房屋拆迁地带 10 米等。根据这个标准进行用地测量就能清晰地划定沿线临时用地的边界,也便于统计进入作业带内的林木、其他附着物的数量,准确实施补偿。

测量时尽量与地方国土部门协商,采用一次性完成测量的方式进行。因为有些地区国土管理部门在办理临时用地手续时会根据自身的规范进行测量,通常是委托有资质的测量部门采用仪器测量的方式完成,这个测量是国土部门收取临时用地管理费和办理手续的依据,但并不被乡政府和村政府以及农户认可,在实际补偿时还需要再进行测量。根据这个情况,对外协调要做好工作,促成一次性测量。这就是由国土部门,乡、村政府,建设方业主、监理、施工单位,农户组成的联合测量组进行测量,在多方认可的情况下,填写《临时用地清点单》(见附录一),如果有条件的话,同时将一般附着物做好清点和确认,以便提高统计时效,尽快完成补偿。

测量中,有些因素会产生超出理论用地的范围,如测量的涨尺、边角地、耕转地等。分别到一家一户的测量,拉尺的尺度会发生误差,而通常是趋于宽松,小户的累加,到村或乡镇就与设计采用GPS和全占仪测量的结果产生较大差别。这种差别是一种正常的现象,但要控制在可接受的范围内,通常对外协调规定,测量以设计测量的数据为基础,地方国土测量误差不能超过0.5%,村内联合测量不能超过0.8%。这就需要对外协调人员在组织测量时加以控制。所谓边角地是指因管道作业带的切割,形成了某农户不便耕种的边缘或角落零星地块,虽然属于未进入作业带土地,但属于因管道施工而对该地块发生了耕种影响。耕转地属于机械耕作或畜力耕作时调头所占用的区域,这个区域也没有直接进入作业带,但给农户的耕种带来影响。这类土地也应该归类测量,列入补偿范围,只是补偿的标准要与作业带内的有所区别。

三、确定补偿标准

补偿标准的确定最直接的依据就是当地政府下达的临时用地补偿文件。临时用地补偿标准确定的权威部门是县级国土部门。当有已经下达的补偿标准可执行,且县级国土部门也认可的情况下,标准的确定就是很清晰的工作。但多数情况下县级国土部门会根据当前的农民需求和土地行情对补偿标准给予调整。在这个调整过程中,对外协调人员需要注意四个方面:一是全省或全线的标准平衡问题,尽可能控制调整的合理性,不要与相邻地区出现较大差异;二是不要偏离已有的补偿文件太多,避免将来工程审计的难题;三是补偿的可操作性,无论如何调整,如果农户不认可,无法实施补偿,对工程来说都是一个失败;四是务必将调整的方案以县一级政府文件的形式予以颁发,这既是业主的补偿依据,也是说服农户的依据。在确定补偿依据条款时应追求"宜粗不宜细"的原则。例如,很多地方将临时用地分为压方、开方。压方中又分为普通压方和机械压方,分别制定标准。使补偿的测量和统计变得烦琐,也为农户的计较提供了条件。处理这种需求时一是做好工作从起点上避免这种统计方式,退一步的方案就是根据管道实际建设的开方压方比例按标准推算出一个综合数值,以综合数值涵盖所有临时用地,以实现测量统计补偿的一致性。

四、实施补偿

以确定的补偿标准和测量的用地面积为依据,就进入到补偿环节。补偿要通过乡或村政府进行,费用经集体经济组织发放。费用下发前还有一项极为重要的工作要做,就是补偿公告,由乡或村政府完成。公告内容包括补偿标准和分户的用地面积以及补偿款数目。在一些地区对公告认识不足,认为可有可无,实际上对于补偿的公开、透明，直接避免后期的阻工作用极大。以往的管道建设用地显著表明，凡发布公告的，后期是非极少，而未发布的常留下隐患。在这个环节上，对外协调人员要努力说服政府，坚持发布公告。这既是对管道建设负责，也是对政府负责。因为一经公告，可以形成农户相互间的监督，形成农户对政府的监督，在农户心目中，既然政府能公告也就意味着公开、公平、公正的可能，容易达到心理平衡，为顺利完成补偿、施工进场创造良好的条件。实施补偿的形式是业主或业主委托承包商与乡或村政府签订临时用地补偿合同。补偿方在付款时间上要做到高效和守信，这是补偿方在补偿过程中的软肋。前期经过千辛万苦完成了测量、谈判，到付款时却望眼欲穿。对农户来说，不收到补偿款很难同意施工进场，很多大好时光就在付款周期中流失掉了。尤其在合同约定的付款时间还未能付款，补偿方的信誉丧失，将给对外协调的前景带来极大的威胁。付款周期较长，有补偿方体制、机制、制度、程序设定等多方面的原因，但对工程效率而言，毋庸讳言，是一个亟待改善，也完全可以改善的环节，在法规和企业制度的框架下，最大限度地使对外协调付款流程简化和优化。就目前看，在这方面确实存在较大的提升空间。而未能实施的原因还在于管理层面未能对对外协调付款对工程的作用有清晰的认识，把这种付款等同于采购或其他性质的付款来处理。

另外，在与政府的签约中，或直接进入合同条款或单独出备忘录，还要明确：专款专用，补偿款不可以挪作他用；补偿款到账后要及时发给农户；不可以在补偿款中提取管理费和任何其他费用。这些看似细节的内容往往直接影响阻工的出现与否。尤其"截留"是农户最不能容忍的事情，无论乡或村政府怎样给对外协调人员"包打天下"、"信誓旦旦"保证工程顺利进展，提出一万个理由，对外协调人员都不能同意有任何"截留"的情况发生，一旦发生，就意味着种下了阻工的种子，后期扭转的代价无法估量。

关于补偿模式，在以往管道建设中，不乏政府总包的模式，但这实在是一个弊病多多的模式，实践证明，让建设者吃尽了苦头。笔者对这种模式持反对意见。我们未来还是少走这种弯路。我们要对政府给予极大的信任，但还要对政府行政的弊端和局部人员的狭隘有清醒的认识。

第二节 永久用地补偿

永久用地在管道建设中多发生在站场、阀室、"三桩一牌"埋设、光缆人孔等方面。站场、阀室必须要办理正规的建设用地手续，并严格按照政策规定给予补偿，有时甚至要按高于规定的补偿标准给予补偿。"三桩一牌"埋设和光缆人孔等由于占用土地很少,通常可以与权属人协商,采用一次性补偿来解决。

永久用地要按照被征收土地的原用途给予补偿。征收耕地的补偿费用包括土地补偿费、安置补助费以及地上附着物和青苗的补偿费。征收耕地的土地补偿费,为该耕地被征收前三年平均年产值的6~10倍。征收耕地的安置补助费,按照需要安置的农业人口数计算。需要安置的农业人口数,按照被征收的耕地数量除以征地前被征收单位平均每人占有耕地的数量计算。每一个需要安置的农业人口的安置补助费标准,为该耕地被征收前三年平均年产值的4~6倍。但是,每公顷被征收耕地的安置补助费,最高不得超过被征收前三年平均年产值的15倍。

征收其他土地的土地补偿费和安置补助费标准,由省、自治区、直辖市参照征收耕地的土地补偿费和安置补助费的标准规定。

被征收土地上的附着物和青苗的补偿标准,由省、自治区、直辖市规定。

征收城市郊区的菜地,用地单位应当按照国家有关规定缴纳新菜地开发建设基金。

依照以上规定支付土地补偿费和安置补助费,尚不能使需要安置的农民保持原有生活水平的,经省、自治区、直辖市人民政府批准,可以增加安置补助费。但是,土地补偿费和安置补助费的总和不得超过土地被征收前三年平均年产值的30倍。

国务院根据社会、经济发展水平,在特殊情况下,可以提高征收耕地的土地补偿费和安置补助费的标准。

在永久用地补偿中存在一个实际使用面积和用地发生影响面积的认同问题。例如站场建设要严格地按照以围墙确定的"四至"(东、西、南、北四个方位与相邻土地的交接界线)办理手续和进行补偿,但对于农户耕种来说,存在着一个实际影响使用的问题,这就是土地的耕转带来的不便,无论是拖拉机耕作还是耕牛作业都有难以完全耕到的区间,这就是百姓称为的"磨牛地",这是一个现实存在,但法规中没有体现,农民有实际要求。不予处理等待的就是阻工。这个情况的处理要通过当地土管部门根据实际影响的程度给予协调,酌情给予补偿,但不列入也无法进入永久用地范畴,可比照"三桩一牌"的处理给予一次性解决,走临时用地补偿渠道。

在管道建设中还有一类用地要给予永久用地的补偿,但不是永久用地的性质,也无法取得永久用地手续,这就是城市开发区或规划区、厂矿企业内部规划区、农民自身规划的房屋和其他设施等。例如一些开发区,虽然一些规划内容没有取得地方政府的规划许可,但已经列入开发区的规划之中,管道在其间通过,对其长远规划或未来规划的调整必然带来直接和长远的影响,在这种情况下,他们很难接受临时用地的补偿,但管道建设单位因为线路敷设又无法申报永久用地,地方国土部门也不认可线路敷设永久占用耕地或开发区土地。要解决这个问题就需要政府给予协调变通,其结果很可能采用永久用地的补偿标准来获得临时用地。这是一个政策不予承认的模式,但是一个现实无法回避的模式。不仅管道建设中遇到此类问题,对于铁路、公路等设施建设也同样遇到此类问题,解决的办法也基本是以法规为框架,以市场为参考,由政府出面,双方协商确定补偿方案,包括管道建设方对该土地的权利也完全属于协商确定,没有一定的范式。

有的农户已经获得批准的宅基地或其他建构筑物的建设,但未实施建设。在补偿中无法按照已有附着物处理。在这种情况下,通常按照政府部门出具的证明,根据用地对农户发生的影响,以永久用地补偿标准为参考给予补偿。

在城郊的规划区,很多区域因长远规划项目意向清晰,当地地价持续上涨,当管道建设通过时,农户首先考虑的是自身土地即将被项目征用获得的利益,而管道用地只是给予临时用地补偿,同时,受管道保护法的限制,管道一经敷设,其他用途将难以实现,只能用于耕种,而无法提供给规划项目换取永久用地补偿。面对这种预期,农户很难接受临时用地的管道敷设,在这种情况下,只有采取永久用地的补偿或接近永久用地的补偿才能使农户得到利益和心理平衡。

根据不同地区的规定,有时林地也完全或部分按照永久用地补偿,也不能取得永久用地手续和权利。这是各地政府根据自身的林地情况制定的政策,对管道建设而言,也是无法选择的补偿。

第三节　一般附着物补偿

地上附着物是指在土地上建造的一切建筑物(如平房、楼房及附属房屋等),构筑物(如水塔、水井、桥梁等)及地上定着物(如花草树木、铺设的电缆等)基础设施的总称。管道建设补偿中,一般地上附着物是大堤、泄洪坝、道路、水渠、温室、大棚、鱼塘、水池、水井、坟墓、零星树木等地面存在的物体。房屋、林地根据补偿的性质和政府管理部门的不同而单独操作。

这项补偿品种复杂,各地标准差异较大,甚至有些没有标准可以参考借鉴,补偿对象多样,是管道建设补偿中对工期影响最大、操作最为烦琐、谈判最为艰难的一类补偿。关于补偿标准本章不做论述,因为各地的补偿补偿标准不一,读者可参照当地文件执行,以下仅就这类补偿的操作思路及一些疑难问题的处理加以探讨。

一、努力找到补偿标准,打造补偿根基

按标准实施补偿是每个对外协调人员应遵循的基本原则,但有时所谓标准的文本并不是很容易获取,而标准的时效、标准的覆盖范围、标准的可操作性也未必尽如人意。在这种情况下。怎样追求补偿的合理、公正是需要探讨的内容。

无疑,对外协调人员在补偿之初首先要完成的工作是搜集当地有效的补偿标准,这就是当地政府发布的补偿文件,这是补偿最基础的依据。这类文件在全国各地的制定情况差异很大,这种差异表现在覆盖程度、补偿数额、更新速度等方面,所以在很大程度上,能拿到的补偿标准文件基本上是补偿的参考基础性文本,很少作为严格遵循的文本。在这个基础上,最好通过和政府的磋商,形成县一级的、针对实施项目的补偿文件,而对管道建设项目而言,通常高于已有的当地补偿标准。其原因在于企业投资有别于政府投资,政府从便于执行的角度考虑,会略带一定的倾向。但政府制定这个单项标准时也会考虑到补偿的同比、环比平衡,掌握上调的尺度,不会发生难以为继的尴尬。制定这样的标准是一个"一刀切"的做法,无法对所有的补偿对象保证公平,但是可以对大多补偿形成规范,也对少量个性补偿建立调整的基础。

二、无标准时做好调研,创建谈判依据

当没有新建标准或新建标准不能涵盖补偿的项目,这就需要参照异地和实际发生过的标准来执行。如果这样还不能解决,就要遵照市场价格判定。如果市场也没有直接的价格参照,就要按照补偿的构成分解评估,协议确定了。

综上,遵循标准的优先参照顺序可以表述为:有针对性的标准→一般标准→异地标准→惯例标准→市场标准→协商标准。

尤其市场调研这一环节,是我们对外协调人员的一个薄弱环节。当补偿对象提出的补偿标准偏高时,我们有一个基本判断,但不知合理的标准是什么,往往使谈判双方形成信息的不对称,对外协调人员无法谈判,无法用事实说话,造成谈判的被动。

补偿谈判前,掌握标准是一个必备的环节,如果这个环节没有完成就不要启动补偿程序,就不要进行谈判。也有一些对外协调人员发生了逻辑上和程序上的本末倒置,走入补偿的误区。那就是在自己没有掌握标准的时候仓促谈判,致力

于与对方讨价还价,一旦形成一定杀价就沾沾自喜,以为可以补偿了,而实际上还高于合理价格。在现实工作中,这是一个磨刀和砍柴的关系,掌握标准和合理价格的工作不到位,补偿的效率是不会理想的。

三、适当运用奖励措施,推动补偿速度

根据基础补偿标准,可以采用差别补偿的奖励补偿措施。这种方法对于工期较紧,清理难度较大的补偿项目比较适用。例如,坟地的补偿,补偿对象不仅衡量补偿金额,还有心理、民俗、风水等因素起着作用,有的还需要家庭或整个家族的内部认同。这样在时间上如何保障就是一个现实的问题,奖励制度也就是经济杠杆,会起到一个催化作用。奖励制度就可以设置成提前迁移加倍补偿,按时迁移按标准补偿,过时不迁移实施强制执行。这样就可能将大部分补偿户吸引到了加倍补偿的范围。沉淀下来的就是所谓"钉子户",再根据与政府的协调结果采取对策。

四、认真分析损毁细节,制定降损方案

对补偿额度较大,补偿比较复杂,磋商空间较大的补偿,要细致地梳理和分析补偿物的损毁构成,注重细节,力求从全部损毁中找到主次关系,找到可以降低和保留部分的因素,以减少补偿费用。例如青苗的清理时间,需要掌握成熟度,时机适当,农民损失降低,补偿就顺畅得多;树木移栽,选在成活率高的季节就减少了树木主人的损失;生产场所的占用,选在节假日进行突击,对生产的影响尽量降到最小,可以直接降低补偿的费用;工厂的局部拆迁,严密分析该工厂的工艺流程后,做出最少停产的方案,涉及水源要解决水源,涉及电力要解决电力,既可以给对方减少损失,也可以给工程降低补偿费用。

五、变通处理特殊事项,消除进度短板

当有些补偿按照标准谈判陷于僵局的时候,要考虑变通的办法来解决问题。根据以往操作的实践,大致有以下几种变通。

1. 提高补偿标准

这是管道建设中最常用也是最不希望使用的变通办法。往往既定的标准无法满足需要覆盖的区域,主要是一些属于客观的个性的特殊情况,如果确有与普通补偿物不同之处,就需要调整,但要依据充分,保证合理。一个最大的禁忌是对已经完成的补偿不能产生不公平感。也就是说,一旦做出局部调整的决定就要有把握面对前期通行的补偿,能够从政策和事实上立于不败之地。

2. 虚增补偿物数量

这是应对超标补偿的一种技术操作，对于具有明显个性、区别于普通补偿物的情况，针对客观的需要，在不提高文本标准的前提下，虚增补偿数量，提高补偿总额，而实质是提高了补偿标准。这可以避免前期已经完成补偿的攀比。对有目共睹的超标索赔，如果通过各级政府协调不能奏效，又不便采取强制措施，且有谈判余地时，做好工期和补偿费用的比选后采取这个办法，即不变更补偿标准，在实际清点的数目上虚增数量，达到谈判达成的补偿额度，在政府部门给予认可的情况下实施补偿。这是一个既不突破标准，又承认个性化问题的办法，这种办法的使用一定要尽量避免且相当慎重，但实在是一个管道建设乃至社会的无奈选择。

3. 由货币补偿转为恢复补偿

有些补偿物在货币补偿上谈判容易出现较大差异，使谈判陷入僵局。例如堤坝、房基地、水池等。如果不是权属人有意索取高额补偿，可以考虑由建设方组织实施恢复补偿，这样既节约时间也可以降低补偿费用。根据补偿实践看，真正需要恢复补偿的权属人属于少数，因为使用货币补偿的总费用完成损毁物的恢复都有剩余。所以，这种补偿是建立在权属人诚意和特殊考量的基础上的。

4. 提高协调费用

对于难以协调的补偿户，其参与协调的政府部门必然增多，需要投入的协调人员增加，工作量加大，这就需要增加协调费用。针对每项补偿要采取有针对性的协调费用，以保证标准不动，大局不受影响，就要在做好劝解说服工作上下功夫。有时增加的协调费可能高于权属人索要的超标补偿费，但出于补偿的公开、透明和公平性，需要付出这样的代价。

5. 司法诉讼

在既没有谈判余地也没有行政办法的情况下需要走司法途径，由建设单位以阻工的名义对阻工人员提起诉讼。需要具备的条件是建设方手续齐备，仅这一点就是建设单位很难做到的。因为以往的项目建设，鲜有各项手续齐备的工程，往往是边建设边办理手续。在这种状态下，地方司法部门无法受理管道建设方的起诉。在司法受理的过程中，往往立足于调节而非强制执行，强制执行是地方司法部门所不愿意操作的。往往经过若干次的调解，大多能使补偿有一个可操作的途径。其中本质的效果是权属人不愿意看到最终的裁决，因为最终的裁决绝对权属人不利，最终裁决只能依据补偿文件的标准和评估报告，这些与索赔人的报价都相去甚远。在这种情况下，与其选择走到尽头接受裁决不如接受调节而多获利。

这是通常的走向,如果不走到这个程序,权属人绝不会放弃。这里需要建设单位把握的就是必须手续齐备;一旦确定起诉就要及早启动,因为司法程序所需的时间较长。此外,应立足把问题解决在调解阶段,因为强制执行是一个很难执行的裁决。

第四节　房屋征收补偿

房屋征用是管道建设常见的补偿,而且当前很多管道建设要进入城镇,进入人口稠密地带,尤其是天然气管道更要尽可能进入城市,以方便与城市管网的对接。

目前房屋征收分为国家所有的土地上和集体土地上的两类。2011年1月21日颁布的《国有土地上房屋征收与补偿条例》对此类进行了规范,此后,还将出台集体土地上的房屋征收管理条例。

根据现行法规,国有土地上的房屋征收有了明确的标准,集体土地上的房屋征收管理条例正在制定中,目前可参照《国有土地上房屋征收与补偿条例》执行。在长输管道建设中房屋征收具有线性、零星、标准多样等特点,所以在实际操作中要做好以下的工作。

一、设计足够的拆迁周期

管道建设线路一经确定,就要及时启动拆迁程序。从以往的运作情况看,往往最后拖住工期"后腿"的还是房屋拆迁,成为整个工程的短板。这足以说明,给房屋拆迁预留出足够的时间是多么的重要。除了评估确权外,有大量的时间用于讨价还价,这是一个不容回避的问题。虽然评估的结果很具体,但这并不能完全执行下去,还需要对具体事项给予调节,需要做大量的艰苦工作,其中当地各层政府,甚至周边的亲朋好友也需要给予配合。这个过程不能奏效时就进入到司法程序,这个程序需要的时间就更加漫长。如果不能从前期就考虑到这些因素,在后期就会被动,使宝贵的工期耽误在这个单项的环节上。

二、采用货币补偿

按照现行政策规定,被征收人可以选择货币补偿和房屋产权调换。在管道建设补偿中对于建设方来说,基本不具备产权调换能力,因为这需要更复杂的多部门、多头关系、多程序的运作。首先建设方手中没有房屋资源,其次是线性征收房屋的住户需求多样,建设方无法集中一地解决安置问题,还有大量的协调工作需要时间和紧迫的工期的冲突。鉴于此,产权调换不是管道建设在房屋征收中的选择模式。在以往的履行中,仅有极个别情况,由政府协助才进行产权调换。

房屋征收补偿内容包括:(1)被征收房屋价值的补偿;(2)因征收房屋造成的搬迁、临时安置的补偿;(3)因征收房屋造成的停产停业损失的补偿。此外,管道建设通常为补偿的方便,针对每户与征收房屋相关的附着物一并列入房屋补偿费用,例如院落内的树木、地坪、水井等,这样便于补偿费用的评估和支付一体化运作。在很多地方,也将这些补偿标准列入房屋征收的补偿标准,以便统一操作。

在实际操作中,有些被征收人会提出产权调换的要求,其中大多并不是真正选择这种补偿方式,而是寻求一个提高补偿款谈判的筹码,因为他们知道建设方不采用或者无法采用这种补偿方式。

三、程序化运作

不能因为房屋征收的操作复杂和耗时而不顾程序,盲目推进。前期要做好整体方案,对于集体土地上的征收,起步要做好委托;评估要选好机构,并要得到被征收人的认可;谈判要依托当地政府;拆迁时要严格遵守安全操作规程;当不希望出现的行政诉讼到来时也要认真面对。在此,特别要规避的是不能因为工期的紧张而不择手段地对被征收户进行威胁恐吓甚至强拆。在征收全过程中要完全阳光操作,程序化推进。掌控各方参与单位和参与人,不能采用不正当途径寻求问题的解决。在以往的管道建设操作中,有过沉痛的教训。有的因协调人员的过激方式激化了矛盾,有的因黑社会的介入而使征收变得复杂化并严重影响了企业形象,有的因灰色操作引发了补偿的不平衡,致使整体征收陷入僵局。这都是前车之鉴,是非程序化运作的恶果。

四、尽量压缩作业带

作业带范围决定房屋征收范围,压缩作业带就意味着减少拆迁量,降低补偿费用。尤其是在城区或城市规划区内,房屋价格已经远非以建设成本为基础所能计算,在此就要做好比选,是压缩作业带增加施工技措费用还是按照常规设定作业带宽度。在以往的工程中通常要在房屋拆迁区域适当压缩作业带宽度,以减少拆迁,但要以施工技术可承受为限。在这个调节中,建设业主与承包商要根据房屋征收的具体情况确定,原则上看,降低拆迁量应该是一个优先的选择,因为这不仅可以降低补偿费,还有工期的问题,最终也会体现在效益上。

五、房屋征收范围与管道运行保护范围的关系

按照《中华人民共和国石油天然气管道保护法》第三十条规定,"在管道线路中心线两侧各五米地域范围内,禁止下列危害管道安全的行为:

"(一)种植乔木、灌木、藤类、芦苇、竹子或者其他根系深达管道埋设部位可能损坏管道防腐层的深根植物;

"(二)取土、采石、用火、堆放重物、排放腐蚀性物质,使用机械工具进行挖掘施工;

"(三)挖塘、修渠、修晒场、修建水产养殖场、建温室、建家畜棚圈、建房以及修建其他建筑物、构筑物。"

根据以上规定,在管道线路中心线两侧各5米地域范围内不能保留房屋以及其他建筑物、构筑物。在房屋征收过程中就要考虑,无论施工作业带宽度是多少,房屋拆迁的最低底线是不能小于10米。这是一个与管道后期运行保护一致的范围。也就是说,在新管道建设期间就为将来的运行保护打下基础,避免管道占压。房屋征收过程完成后,与房屋相关的土地使用权也一并征收,被征收户已无权继续使用该土地,这也为未来的管道保护创造了良好的条件。

六、对违章建筑的处理

在管道建设需要拆迁的房屋中存在一定数量的无证房屋和违章建筑。尤其在农村住户中在自家庭院形成很多辅助建筑,如厢房、猪舍、羊圈、仓房等,虽然没有房产证,但都具有很强的功能,需要一定的建造成本,而评估时又不予认定。对于这种事实存在、又不合法的建筑,不同的拆迁中会采用不同的政策,除非政府的专项清理,一般的项目建设中都要给予适当的补偿,但标准不一。管道建设中通常采用参照有证房屋的价格,按照有证房屋标准50%~80%给予补偿。对于集体土地上的房屋,对这类房屋及建筑的定价要充分听取乡镇、村政府的意见,根据不同情况处理。其中对蓄意抢建的建筑要依靠政府坚决进行清理。

在所有的拆迁中,对违章建筑的处理都是一个棘手的难题,对管道建设更是如此,依靠政府是贯彻始终的一个原则。

七、关于改线的得失

在拆迁踏勘阶段或继续推进过程发现拆迁有相当难度时,可能要发生一个改线的考虑。对可能实施的两条线路进行比选,这在实际操作中时有发生。原因有的是减少拆迁面积,有的是躲避人为拆迁难点,其中后者居多。做改线的选择要充分考虑线路走向的平直性、施工的难易程度、拆迁费用的变化等因素。有时因

为出现了拆迁难度或增加了拆迁费用就急于改线,这是不可取的,要慎重分析比选,要做出最后的努力,因为一旦改线就意味着从规划开始变更,管线长度会同时增加,不仅建安和材料的成本增加,日后长期运营维护的成本也相应增加。总体看,改线是一个无奈之举,不到山穷水尽的地步尽量不采取这个办法。

八、定向钻穿越的风险

可不可以在房屋下进行定向钻穿越,这需要从法规、技术、人文三个方面进行探讨。

从法规方面看,可不可以定向钻通过没有明确的法规定义。与此相关的是《中华人民共和国石油天然气管道保护法》和 GB 50253—2014《输油管道工程设计规范》(2006 年版)。在《中华人民共和国石油天然气管道保护法》中规范了管道中心线一侧 5 米的地面距离,不能有房屋、建筑物、构筑物,但没有明确垂直距离。《输油管道设计规范》中同样也只规范了地面管道中心线距离房屋不能小于 5 米,没有规范垂直距离。定向钻穿越后,管道与地面房屋形成垂直距离关系,其距离规范也应参照地面距离的数值。定向钻穿越从入土点到出土点是一个弹性弧形的走向,与地面的距离不等,这和每个定向钻工程的设计相关,通常大部分穿越线路深度都在 20 米以下,所以通常都能满足以上两个规范的要求。但邻近入土和出土点就很有可能闯入规范的禁区,形成纠纷,对整体穿越发生法律意义的影响。

从技术方面看,定向钻穿越是一个较成熟的管道穿越技术,工期短、成本低、操作简便,但对地质的选择性较强,在地质疏松的情况下特别容易发生跑浆。这是这项技术的最大弊端,一旦跑浆发生,轻则污染板结土地,重则发生河堤裂缝、地面沉降,地上建筑物受损或坍塌。并且发生跑浆的概率较高。也就是说,对这项技术的负面效应可控性较差。所以,在这种情况下穿越极易对房屋形成威胁,一旦跑浆,赔偿的损失和善后处理的难度都相当大。

从人文方面看,房屋大多是人们居住或活动的场所,在其垂直下方敷设管道尽管从理论上讲是安全的,但从心理上是有障碍的。没有人愿意自己的脚下存在管道,所以会本能的抗拒。另外,从对土地的使用权上看,地面使用权拥有者考虑未来的地面的规划,可能打井、打深度地基、建地下设施等操作时会与已经敷设的管道发生冲突。这都是不接受地下穿越的普遍心态。

综合以上因素,定向钻适合铁路、公路、河流、鱼塘等穿越,如果不到无路可走的情况,不要选择穿越房屋,而应该完成地面拆迁,排除法律的、技术的风险,降低周边人群的心理压力,也为日后的管道运行维抢修创造条件。

第五节 林业补偿

林业补偿政策性强,管理部门多,程序复杂,与被补偿户谈判困难,常常成为管道建设对外协调的推进短板,对工程形成掣肘。补偿的全过程要经过林业测量、编制占用林地可行性报告、建设单位与林权人签订补偿协议、林业主管部门审批、发放采伐证等程序。补偿费用包括林地补偿费、林木补偿费、安置补助费、植被恢复费四项。这些补偿都有明确的计算方式和严格的标准,林业部门在长期的操作中形成了相对固定的流程。零星树木我们已经列入一般附着物补偿的范围,本章不再论述。在实施林业补偿中要注意以下几点。

一、及早启动,为砍伐留出足够的时间,为管道的顺序施工创造条件

因为林业补偿操作的复杂性和耗用时间较漫长,要在对外协调工作启动之初就启动林业补偿工作。这里要考虑手续办理的漫长时间,以及路由变更耽搁的时间,还要考虑与林权人谈判消耗的时间。补偿的全过程未完成时,无法进行任何一棵树木的砍伐,这有严格的法规限制,并不像临时用地,在手续未办理时可以采用借地的形式施工。违规砍伐就会成为刑事案件,当事人要接受处理,施工单位也会就此停工,对管道建设的影响相当大。科学的管道施工是流水作业,在线路上形成不间断的顺序推进,一旦中断就打乱了作业工艺,设备要转场。因为林业补偿的不到位就形成了作业带中夹杂的林带阻隔。工艺要重新调整,设备要搬迁,有时要长距离搬迁,致使劳动效率下降,劳动成本上升。有时仅仅因为几棵树就将近在咫尺的相连作业带阻断而使爬行设备绕行数十千米搬迁转场,焊接断头留口,开沟停止。

可见,如果林业补偿能够及早启动,与施工进度吻合,将成为提高效益的坚强保障。

二、测量要尽量选在农田易进入的季节

一旦路由确定,就要抓紧进行测量工作。如果时间可以选择的话,在北方地区要尽量赶在刚刚完成秋收或者未进行春播这两个季节。因为这时农田视野通透,人行或车辆进入都比较方便,测量效率较高。如果不在这两个季节,夏季农作物茂密,测量行进困难;冬季寒冷,作业人员雪地行走不便,长时间在室外工作还容易冻伤。如果在南方地区,就要根据当地农业情况,集中时间在田间作物收割

或对测量影响小的时候进行。

三、永久用地补偿标准的范围

根据需要的作业带宽度对林地给予补偿,但在作业带中的林地又分为两种补偿标准。通常,如果作业带宽度超过10米,则10米以内采用永久用地标准补偿,10米之外采用临时用地标准补偿。10米之内仅采用永久用地标准补偿,而不是永久征地,不办理永久征地手续。其根据是《中华人民共和国石油天然气管道保护法》中的规定,10米之内不允许种植树木。也就是说,在线路上的树木在施工砍伐后,10米之内的区域不可以恢复种植。这个特性对种植户来说,也就等于要在这个区域变更种植一般农作物,所以采用了永久用地的高额补偿。

四、依靠政府做好艰苦的工作

根据林业部门测量和评估的结果补偿,大多数能够完成签约,实现砍伐,但会有一部分人认为补偿少而拒绝签约。在这种情况下,大多不能靠协商解决,而需要靠村、乡政府做好说服劝解工作,因为这是整体标准统一补偿,不能像零星树木那样可以因个性化情况给予适当调节,因此就要靠政府花时间,付诸耐心,化解对立,最终完成砍伐。当然,一定会有无法劝解的极个别人员,这就要靠政府适当的强制来完成,这是极端无奈的最后选择。

第六节 "四穿"补偿

管道建设中需要穿越的主要有铁路、公路、河流、光缆等,通常把前三项统称为"三穿",如果加上最后一项,有的也称为"四穿",这都是指的穿越方面的工作。

一般,铁路、公路、河流都有较为明确的国家和地方法规,有明确的补偿标准,而光缆的穿越一般需要双方协商。"四穿"有的根本不需要补偿,有的补偿费用高到不合理的地步。

在"三穿"方面虽然有较为明确的补偿标准,但各地的差异较大,政出多门的现象也较严重,不同时期、不同部门的规定执行起来比较复杂。这就给管道建设的对外协调沟通和谈判带来很大难度。

铁路穿越一般由被穿越铁路权属部门管理。一般由管道建设单位提出申请和穿越方案,由铁路部门进行论证和审批,同时收取补偿费用。有的由铁路部门负责施工,有的仍由管道建设单位施工。目前国内大多由铁路部门施工,以保证穿越的安全性,也便于工程验收。但也有一些通过协商由管道建设单位自行施工。在施工工艺上,有管涵、箱涵、定向钻、顶管等穿越方式。在补偿费上,有的只收取手续费,有的要收取上百万的通过费。

公路穿越分为高速公路、国道、省道、乡道、机耕路等,高速公路一般由高速公路管理局管理,在建的属于高速公路建设局管理,有的属于双重管理。管道穿越方案需要通过权属部门的审批,收取的通过费也多少不等。国道、省道、乡道、机耕路均需与权属管理部门协商,确定穿越方式和补偿费用。

大多公路穿越除了通过费用外还要由管道建设单位缴纳质量保证金,主要是考虑施工后对路面的影响给予后期保障,如塌陷、变形等,通常要规定质保期限(1~5年),质保费用不等。按照规定,质保期满,没有发生对路面影响的问题要全额退还,如出现问题,用质保金来处理。这项质保金是管道建设单位财务处理的一个难题,因为无法进入成本,只能作为借款,且时间太长,难以返还,所以在补偿协商中要努力规避质保金的缴纳。

河流穿越要通过河道管理部门的审批,根据河流的规模、性质分属不同的管理部门,通常审批手续复杂,审批严格。需要较长的手续办理时间。河道穿越通常有定向钻、盾构隧道、钻爆隧道、顶管、大开挖等方式。对河道管理部门来说,最需要控制的是穿越对河堤发生的影响。穿越的补偿通常只是获得通过权,得到施工的许可。一旦发生河堤的损坏,会根据实际损失的情况实施补偿。在以上穿越方式中,定向钻穿越对河堤影响的风险较大,主要来自于定向钻的跑浆。定向钻运行时需要泥浆在钻孔中润滑和加固已经钻成的孔洞,泥浆带有一定的压力,在钻进的过程中如果遇到薄弱的地质,泥浆就会顺着土层缝隙渗透,时间长久时土壤结构发生应力变化,最终导致发生裂隙塌陷等情况。这对需要严密性的河堤来说就是严重的威胁。在实际操作中,要加强勘探,对地质情况了解清楚,制定良好的施工技术方案,合理配比泥浆,使跑浆的可能控制到最小。当然,就目前技术,还不可能有绝对不跑浆的把握。这样,对大堤的损失影响也就是管道建设需要承担的一项风险。

光缆穿越重点在于加强与权属单位的沟通,做好通过的保护,由权属部门出具技术方案,施工中现场监管到位,精心施工。

第七节 电力线路及设施迁移补偿

这是在管道建设中经常遇到的补偿,其中有高压铁塔的迁移、高压线路的调整、低压电路的电杆迁移、线路调整、变压器的迁移等。首先是管道施工单位向电力管理部门提出申请,由电力部门做出方案,编制补偿预算,进行施工。对于高压铁塔的迁移及变压器的迁移需要更大的工作量和多层次的审批,故此需要在线路确定后及时向主管部门申报及早做出审批,做好迁移施工准备。需要注意的是,要严格按照电力安全规范确定好管道与电路的间距,要在管道施工期间做好安全施工方案,由电力部门在现场实施监管,防止出现安全事故。关于补偿的费用,主要由主管部门确定,其中有很大的协商空间,需要管道建设单位在协调和谈判中做出努力。

第八节 施工意外损毁补偿

本节所谓的施工意外损毁补偿是指施工预期之外发生的损毁,例如超占地、水淹地、定向钻跑浆、道路碾压、设备震动、阻塞交通、噪声等对周边建筑物、人的生活以及养殖业发生的影响,造成了一定的经济损失而需要做出的补偿。这些补偿不是主流的补偿内容,但处理不好同样会引起严重的阻工或引发与当地政府或权属人的矛盾,对工程的推进形成制约。

超占地在管道建设中经常发生,有的是单出图项目,有的是受地形地质的影响,有的是管道的转角处,有的是因为设备或材料进场运输。对这类超占,要在施工前期与政府做好约定,明确补偿标准,以避免事后发生纠纷。通常这种超占补偿要低于临时用地合同补偿标准,因为它对土地影响的时间较短,造成的损失也就较小。在内部管理上,业主要与承包商有约定,一般不允许超占发生,确实属于合理的超占,应由监理确认后由业主承担。

水淹地是因为管道施工因对地形的阻隔或改变形成浇地水流对土地发生了不利影响或给排水系统出现问题而对土地发生了不利影响,产生了农业耕种的损失。还有因为施工自身的排水排到农田,对耕种发生了影响,造成土地的损失。这种损毁的计算要通过评估,基本参照是根据土地的产值来计算,但一般要低于临时用地的补偿标准。这里需要控制的是,这种损失的发生大多和施工中预见和措施有关,如果在这两方面做得周全,几乎可以完全不发生水淹地,也就避免了这类补偿。在实际建设中,一是要从对外协调角度做好分析,防止这类事件的发生,再就是制定制度,严格规定对这类事件的责任,降低人为因素,降低因此产生的补偿费用。

定向钻跑浆是管道施工中很难避免的一种损毁补偿。因跑浆造成的损失大小不一,有的只是发生轻微的土地板结、作物倾倒,有的却造成泥浆泛滥、浸泡物资、房倒屋塌、公路变形、河堤裂缝等严重情况。鉴于这种可能,在施工中要设立专人进行监测,发现问题及时停钻处理。另外在穿越线路上做好调查,做好补偿预案,以便出现问题时及早处理。

道路碾压在施工中经常发生,尤其是运管车辆在通过一些乡级或村级道路时,权属人会提出收取补偿费。面对这种补偿,建设单位要与权属人充分协商补偿办法。可以根据实际损毁补偿,也可以事前约定先期一次性补偿。通常按照道路修建成本的折旧率来进行补偿。如果发生了严重损毁,或按照建造价格或给予实际修复都需要双方协商解决。

设备震动有时会对周边发生损毁影响,尤其是一些脆弱的建筑物、构筑物会因为作业带内设备震动和对地面震动发生损毁。这种损毁要通过协商解决,便于解决的可以协商确定补偿标准,对标准有分歧的要采用评估定价。其中建设单位要严加防范借管道施工制造假损毁的情况。其具体办法就是在可能引发索赔的地点和对象要进行事前鉴定留存影像证据,不给敲诈勒索的人员提供机会。

阻塞交通是因管道穿越开沟或管道未下沟形成对交通的影响而产生的索赔。尤其是在秋收季节更可能对农民的作业造成困难。这是需要实际解决的问题,有些可能要提供人员或机械帮助农民解决问题,有些可能要提供货币补偿来解决。

噪声引发的索赔较少,但出现时也需要认真对待,给予解决。例如对养殖业,因施工的噪声改变了动物的生态环境,出现了生长、繁殖障碍。还有的养鸭户因施工噪声而改变了鸭子的下水区域,影响到生蛋产量。这要适当做出补偿,否则同样发生阻工事件。

第九节 "三桩一牌"用地补偿

管道建设"三桩一牌"是指在管道线路上设置的里程桩、转角桩、测试桩及管道保护宣传牌,通常单个桩位占地面积不超过0.3平方米,属于永久用地。如果按照其用地性质办理手续相当烦琐且时间漫长。因此,主管部门也同意与权属人协商,进行一次性补偿。在已经建设完成的管道,通常参照使用土地的年产值,按照每个桩位200~300元补偿。在实际履行中,大多能够达成一致,但也有个别难点出现,需要政府给予协调。另外就是补偿后,有的农户在耕种中感到不便,擅自拔出了"三桩一牌"设施,或挪动位置,这是管道建设和运营需要特别警惕的,尤其被私自挪移位置会造成管道保护的风险,会因标识不准出现管道被破坏的情况。

第十节　抢栽抢建处理

抢栽抢建是投机分子榨取补偿费的卑劣手段,在工程建设中屡见不鲜,在管道建设中更是无处不在,因为管道建设的线性用地就更加难以控制。在这个问题的防控和处理上要注重以下几点。

一、用地公告

线路一经确定,手续办理完成,就及时由当地政府发布公告,明确建设的起始时间,明确公告后线路上新增的房屋、附着物等均不予补偿。公告的作用还在于作为将来发生纠纷时处理的依据。

二、留存影像资料

自公告之日,由建设方协同政府部门沿线做出影像资料,以避免事后发生纠纷,对抢栽抢建无法界定。

三、及时告知

当发现抢栽抢建时,建设单位要在第一时间上门书面告知,提出违规性质,要求自行拆除清理,并同时留取抢栽抢建影像资料,并上报当地政府协调主管部门予以处理。

四、抓紧处理

由政府主管部门出面,对抢栽抢建按照公告规定进行处理。在这个过程中,处理原则是限期无条件拆除清理,不留谈判和协商的余地。当规劝没有效果时要通过政府强制执行。在协调过程中要投入一定的人力物力,建设单位要为政府部门提供专项的协调费用,费用数量根据协调难度确定。

五、改线避让

遇有大量抢栽抢建,又有相当的清理难度时,可以考虑改线。但要做好比选,权衡利害后实施。

六、个别情况适当补偿

有些不属于投机性的,又对公告信息缺失,是按照自身的计划实施的行为,根据情况给予适当补偿。

第十一节 土地复垦处理

管道建设土地复垦遵循2011年3月5日国务院颁发的《土地复垦条例》执行。一般在管道建设招标文件中明确地貌恢复由承包商负责。这项工作中涉及以下环节。

一、生熟土分开

施工中管沟开挖要遵循分层开挖、分层回填的原则,使土地土壤结构和土地肥力变化最小。对于非耕用土地,如草场或戈壁等特殊地貌还要进行植草或表土硬化等处理,这是环保的要求。这些要在复垦方案中有明确的标准描述,以保证实施到位。

二、建立严格的验收制度

施工结束,要通过土地复垦验收。由土地使用人、村、乡镇、县级相关人员参加,填写土地复垦验收单。必要时要由县一级农业、林业、环保部门人员参加。

三、复垦补偿

在管道建设中,通常由施工单位与土地使用人协商,做一次性补偿,由土地使用人自行完成土地复垦。这个方式的好处是便于得到土地使用人的认可。这种补偿是在施工单位完成了基本的地貌恢复之后,由土地使用人做后续和细节的土地复垦处理,通常不超过2元/米^{2}的补偿标准。

四、管沟覆土要充分考虑沉降幅度

管沟回填时要充分考虑后期的沉降。这和回填季节、后期水土保持情况、回填土质结构有关。尤其用冻土回填,冻土开化后会发生很大沉降,如果不能准确预留回填高度,当农户耕种时就会出现复垦问题。

本章探讨的补偿只涉及类别、性质、操作方式以及注意事项等,未对具体标准做表述,这是因为对于每个项目在不同区域、不同时期、不同政策状态下以及政府给予的待遇会有很大的区别。因此,本章不便详细开列补偿标准。需要指出的是,对于每个项目,有一项是必做的工作,就是对外协调工作启动之初就要编制一本针对该工程的补偿参考资料,例如名称为《××工程相关补偿标准参考手册》。这个手册完全根据该工程将要开展的实际补偿,完全依据当地的现行法规政策,补偿标准、与当地政府协商的结果,按照本章涉及的补偿类别及品种提供具体数字化的标准。要求在该项目中严格按照这个标准实施。有了这个参考标准,就可以在一条管道工程中,或一个区域中保持补偿的相对一致性,操作起来容易掌握这个区域的补偿平衡,同时也为补偿工作的标准提供遵循,在这个标准内,各层面对外协调人员可以确定现场补偿标准,在补偿谈判中拍板,提高补偿工作的效率。但要注意这个资料必须严格保密,仅作为对外协调人员内部使用。

第四章　管道建设重要税费

管道建设中涉及的税费很多，本章仅就一些重要的税费项目加以讨论，其中涉及耕地占用税、临时用地管理费、营业税、土地复垦费、协调费等。

第一节　耕地占用税

耕地占用税的征收，依据2007年12月1日颁行的《中华人民共和国耕地占用税暂行条例》（以下简称《条例》）。管道建设中涉及永久用地和临时用地两类用地需要缴纳耕地占用税。对于如站场阀室建设中的永久用地缴纳耕地占用税是一直延续的政策，而对于临时用地是这个条例中新增的内容，是土地复垦保证金的性质。这在"条例"第十三条中表述为："纳税人临时占用耕地，应当依照本条例的规定缴纳耕地占用税。纳税人在批准临时占用耕地的期限内恢复所占用耕地原状的，全额退还已经缴纳的耕地占用税。"耕地占用税的税额规定为：

（1）人均耕地不超过1亩[1]的地区（以县级行政区域为单位，下同），每平方米为10~50元；

（2）人均耕地超过1亩但不超过2亩的地区，每平方米为8~40元；

（3）人均耕地超过2亩但不超过3亩的地区，每平方米为6~30元；

（4）人均耕地超过3亩的地区，每平方米为5~25元。

根据《条例》，各省都颁行了细则，并根据区域的人均土地拥有量和土地年产值编制了具体的耕地占用税税额，有些细化到乡镇一级。其税额范围从5~50元不等。耕地占用税税额单价大多高于管道临时用地的补偿费。也就是说，对于一条管道建设，临时用地支付的总体补偿费要低于需要缴纳的耕地占用税总费用。本文对管道建设永久用地部分不涉及，属于照章纳税，不存在例外的情况，仅对在线路上临时用地产生的耕地占用税加以探讨。

一、应努力实现免征

这个新增的税种，旨在保证土地的复垦，征收部门在县一级地方税务。在以

---

[1] 1亩=666.67平方米。

往的管道建设中,各地方政府根据管道建设项目的情况做了不同的处理。有的直接实行了免征,有的征收后及时做了全额返还。能够得到地方优惠政策的原因在于管道施工的特性。

管道施工临时用地具有用地时间短,对土地影响小,操作工艺规范,复垦验收严格等特点。通常管道建设临时用地补偿一年时间,而往往实际使用大多不到一年时间。补偿费用包括了土地年产值和土地上的青苗。如果及时进行扫线对作业带进行清理之后顺序施工,到管沟回填,农民进行耕种一般不超过3个月。在东北地区,如果掌控得好,施工可以完全在农民秋收后和春播前的土地空闲时节进行,几乎对农业不发生影响。在南方地区,施工单位也尽量合理安排用地时间,尽量在地面农作物有季节收成后施工,将对农业的影响降到最低。管道开沟和回填有成型的操作流程,表层土剥离,生熟土分开,分层开挖,分层回填,以保证土地复垦。同时,施工对土地复垦有严格的要求,大多从工程的招标文件中都有所表述,明确了施工土地复垦的责任关系,通常由承包商负责。在管沟回填后,按照程序进行复垦验收,填写复垦验收单,逐级签字确认,由农户、村、乡镇,最后由县国土部门完成审查,之后可以通过复垦验收。故此,向政府和税务部门说明管道建设临时用地的特殊性,努力争取免征就是一项很有意义而具有一定合理性的工作。按照正常情况,缴纳耕地占用税后,通过验收能实现完全返还,只是资金的流程问题,并未形成建设成本,但管道建设历史上大多通过政府支持未做征收,对于单个工程来说,提供这笔一定数量的流动资金显得非常困难。此外,还有一些地方税务部门有利用税费的想法,要通过验收不达标实现不给予返还,或不给予全部返还,这就形成了管道建设资金管理的难题。资金的可控性出现了问题,是建设单位所不愿接受的。所以,缴纳耕地占用税是目前管道建设一个非常棘手的问题。依法缴税是企业建设用地的义务,履行中不需要考虑变通或免除,但土地复垦验收结果的不确定性形成了大量资金的使用风险。建设单位几乎无法承担这个风险。这种两难的境地需要法规的调整,也需要实际操作中有公平和公正做保障。而对于项目实施单位来说,目前最需要努力的仍然是获得政府的支持,实现变通性处理。

二、加强施工管理,确保土地复垦

无论耕地占用税是否缴纳,按标准实现土地复垦都是建设单位和施工单位的责任。要从施工工艺上严格要求,不能只把这些写在文本上,而实际执行起来就粗放操作。尤其在生态脆弱地区,耕地的形成是多年维护滋养的结果,一旦破坏就很难恢复。在追求施工进度与保证地貌恢复之间,要优先考虑地貌恢复。根据通常惯例,地貌恢复和土地复垦由承包商负责,耕地占用税也由承包商负责,是否缴纳和如何有效实现土地复垦,从复垦方案到通过验收全权由承包商运作,这便于土地复垦各环节的把握,最终实现高质量的土地复垦。

第二节 临时用地管理费

临时用地管理费是指经有批准权部门批准,临时使用土地的单位或个人所缴纳的事业性收费。执收主体为县级以上国土资源行政主管部门。临时用地管理费用于土地整理和耕地复垦。

临时用地管理费征收范围:经县级以上国土资源行政主管部门批准,在不超过3年中临时使用以下土地的单位或个人:

(1)工程项目的材料堆场、运输通道和其他临时设施确需临时使用土地的;

(2)架设地上线路、铺设地下管线、进行地质勘探等需要临时使用土地的;

(3)采石、挖砂、取土需要临时使用土地的;

(4)因从事经营活动需要搭建临时性设施或者存储货物临时使用土地的;

(5)其他确需临时使用土地的。

管道建设中主要是临时用地,其中线路作业带、堆管厂、进场道路等都属于临时用地的性质,由此产生的管理费在办理临时用地手续时一并由建设单位缴纳到县一级国土部门。

临时用地管理费标准在全国各地有一定的差异,通常为 $0.5 \sim 3$ 元/米^2。

第三节 营业税、城市维护建设税、教育费附加

营业税、城市维护建设税、教育费附加是国家规定的税费,管道建设作为建筑安装业属于纳税的范围,由承包商根据承包合同价款计算税额。在施工所在地县一级地税部门缴纳。其中营业税为合同价款的3%,城市维护建设税为营业税的7%,教育费附加为营业税的3%,地方教育附加为营业税的2%。地方企业还要预缴企业所得税2‰,其余各地根据地方税务规定,略有不同。

现在地方税务局实行网上申报,管道建设单位不再对营业税、城市维护建设税、教育费附加代扣代缴,通常由施工单位到施工所在地自行申报纳税。

第四节 土地复垦费

土地复垦遵循2011年3月5日国务院颁布的《土地复垦条例》执行。

所称土地复垦,"是指对生产建设活动和自然灾害损毁的土地,采取整治措施,使其达到可供利用状态的活动。"生产建设活动损毁的土地,按照"谁损毁,谁复垦"的原则,由生产建设单位或者个人负责复垦。按照《土地复垦条例》规定,"土地复垦义务人不复垦,或者复垦验收中经整改仍不合格的,应当缴纳土地复垦费,由有关国土资源主管部门代为组织复垦。"

从《土地复垦条例》中可以明确看出,对于管道建设来说,土地复垦义务人是管道建设单位。在实际操作中,工程施工承包商具体负责工程施工,所以,大多在工程招标文件中明确了土地复垦是承包商的责任范围。承包商在具体施工中大多将现场作业带的开挖和回填分包给土石方队伍,这样,土地复垦的责任也随之转移。无论后期怎样操作,土地复垦都是建设单位的责任,也是业主需要特别关注和管理的内容,从土地复垦方案的编制到实施以及验收,业主方都要直接参与,严格监督,使复垦达标。

在《土地复垦条例》颁布之前,一些省或县一级国土部门根据以往的规定要收取土地复垦保证金,以保证土地复垦的完成,当土地复垦验收不合格时用土地复垦保证金转为复垦费使用。按照现行法规,《中华人民共和国耕地占用税暂行条例》颁布以后,临时用地征收的耕地占用税具有土地复垦保证金的性质,国土部门也就不再单独收取土地复垦保证金。

由于各地对复垦的要求不同,土地年产值不同,各工程项目对土地的破坏形式和程度不同。目前,全国还没有制定统一的土地复垦费征收管理办法及统一的标准,土地复垦费标准都由各地自行制定,收费单价为 $2 \sim 20$ 元/米^2。

第五节 协 调 费

本章定义的协调费是指在管道建设中建设单位提供给各级政府部门或企事业单位用于工程协调工作的费用,其构成主要有车辆使用费、交通费、会议费、办公费、人员加班费、劳保费、服装费、电话费等。

协调费是否一定发生以及使用标准,无论管道建设方还是政府部门历来都没有明确规定,但在实际管道建设中大多发生,其标准完全取决于协商。从以往实际操作的情况看大致有几种模式。

一、按照管道建设里程确定

这种模式是根据管道建设的线路长度确定协调费额度。如每千米 1 万元。在某县线路通过长度为 50 千米,该县收取的协调费即为 50 万元。

二、按照使用土地面积确定

如每亩 40 元,在某县线路使用土地 1300 亩,该县收取的协调费即为 52 万元。

三、按照补偿费总额的百分比确定

这种模式是以管道建设线路上永久用地、临时用地、地上附着物、房屋拆迁等总补偿费用为基数按照一定比例确定协调费额度。如某县总补偿费用为 3000 万元,按照 2% 确定协调费,该县收取的协调费就是 60 万元。这个模式适合补偿费用高,协调难度大的区域。

四、双方协商确定

这种模式是根据管道建设协调工作量包干确定总额度。如某县与建设单位协商,需要 50 万元协调费完成工程协调工作,建设单位同意后即按照这个额度操作。

协调费的操作要注意以下几个问题。

(1)尽量按标准支付。

以上介绍了几种模式,有按标准操作的,也有不按标准操作的。不遵循标准容易形成随意性的数额,容易产生区域间的或单位间的不平衡,造成不断水涨船高的局面,使建设成本不断加大,而实际协调效果并不理想。从政府职能角度看,协调费只是建设单位出于推进顺利考虑的措施,而实质上没有哪一家政府部门必须要靠协调费才能行使协调作用。需要消除的一个误区就是"协调费越多协调效率就越高"。真正的协调效果在于政府对工程的态度和政府人员的服务意识。

(2)分层面支付。

按照这项费用支付的惯例,从县一级到乡镇到村都需要支付,只不过是因为协调的工作量不同,协调的层面不同而有所区别。每个级别的协调费也要参照以上模式操作,按照行政级别层面由高向低递减协调费数额。也可以在不同层面由不同单位支付,按照谁对接谁拨付的方式,以便于后期开展工作。但业主要通盘考虑,总费用由业主承担,如何分解如何支付可以根据每个工程的运作方式确定。

（3）按照工程进展分批次支付。

对每一级政府或需要协调费的单位，一次性确定支付协调费的总额，但不必一次性支付，最好根据工程进展分开拨付，防止因早期使用过度而导致后期没有费用可用或因费用不足而影响协调效率的情况发生。

（4）不能和补偿费混淆。

有些建设单位或施工单位为了规避协调费财务操作的难度，将区域的补偿费包干给协调单位，其中包含着协调费。这是一种最不可取的做法。看似简化了协调费操作程序，实则为百姓阻工埋下了祸根。一是政府要截留补偿费，二是无法向百姓解释清楚，当补偿没有公开时，就产生了不公平的疑点，大多因此造成了阻工。而起因就是协调费的支付模式出了问题。

第五章 公共关系

公共关系是管道建设对外协调最基础、最日常、最重要的工作。公共关系的水平决定着对外协调的业绩,关系着工期,关系着管道建设的费用。在同等的外部环境下,公共关系的差别会引发不同的结果,出现不同的建设格局。

第一节 各种协调会

这里将围绕工程项目,由政府或业务主管部门主持召开的会议统称为协调会,其具体名称有的称为动员会,有的称为启动会,有的称为推进会,有的称为工作会,有的称为协调会。其名称不一,但功能基本相同,都是解决与工程相关的政府层面、主管部门、机构、人员的配合支持问题。对一项工程而言,几乎协调会是必需的部署和推进工程的形式。根据工程规模和建设区域,协调会的规格层次和召开次数都有所不同。根据工程建设不同阶段和议题,协调会大致分为以下几种形式。

一、工程启动阶段的协调会

这是工程启动时必需的会议。根据工程规模,有的需要召开国家级会议,有的需要召开省级会议,有的需要召开县级会议。其基本目标是介绍工程情况,明确工程的性质意义,宣布工程的启动,表明政府的态度,成立相应的协调机构,建立相应的协调渠道,制定相关的补偿政策,号召相关方面的支持等内容。这是广泛意义上的协调,根据这个总体精神,下属层面和部门分别落实和部署,使工程在一个良好的行政环境中起步。这个会议是工程对外协调早期最基础的实施依据,在后期的诸多事项处理中都要遵循这个基本的会议精神,所以要将这个会议纪要发放到全体工程对外协调人员手中,熟悉文件内容,精准掌握要点,熟练解释有关政策、措施、标准,以利于后期的工作。也就是说,这个会议纪要就相当于工程对外协调的一张入场券或通行证。

二、解决专项问题的协调会

遇到专项问题,例如管道走向路由问题、手续办理问题、税费问题、补偿标准问题、妥善解决阻工问题、穿越方案问题等都构成专题的协调会。召开这样的协调会最需要注意的是会前的沟通。因为这样的会议一般最终都要确定具体事项，一经定案就很难更改，是否有利于工程就显得尤为重要。参会的决策者有时未必对会议需要定夺的内容熟悉，在短暂的会议上做决策难免造成失误，所以会前沟通，给决策者更充裕的了解存在问题的时间，专注倾听建设单位的情况介绍，对负面和不同意见有充分的心理准备。在这个基础上召开会议便于沟通情况，消弭分歧，及时做出正确的决定，迅速推进工程的进展。

三、解释专项问题的协调会

这种协调会大多是根据权属人对补偿标准或补偿方式等提出质疑后所做的解释。参加会议的一般有政府机关、建设单位、被补偿户等。召开这样的会议最重要的是，依靠充分的信息和政策依据解释清楚当前补偿的合理性，通过公开的解释增加透明度，接受监督，在更广泛的层面获得群众的理解和支持。这种会议在会前要有充分的准备，逐条分析权属人可能提出的问题，做好完备的解释预案，落实政府或建设单位解释人。这种会议还需要对参会的被补偿户人员数量适当控制，选出代表参加会议即可，不能随意参加，人员过多、人员构成复杂时有可能出现偏激和情绪化，会议现场出现混乱局面，使会议陷入僵局或出现不利于工程的局面。

如何使协调会达到预期的效果？首先要做好会议筹备工作，将会议议程、参加人员、需要解决的问题、会议目标等要素都做好策划。其次是会前的沟通，建设方要向主持人和会议决策层人员表明要达到的目标，充分考虑到有可能在会议上出现的负面意见，做好应对预案。在会议结束后，建设方还要催办和努力把握会议纪要的下发，尤其是会议纪要的内容，一经下发就板上钉钉。因此，在下发前要认真研读草稿，对不利于工程的表述要努力争取调整，对重要内容力求规定具体、可操作性强、工作部署责任分明。

第二节　各类行政文件

在工程对外协调中，各类行政文件的履行是一种必要和大量的沟通及办理手续的形式。学会利用这种沟通渠道和工具是做好对外协调工作的必要环节。工程对外协调涉及的文件大致有申请、沟通、承诺三类。

申请类是请求政府机关或主管部门或相关单位对某事项给予协调或解决的

文件,属于请示文件,例如申请召开协调会,办理规划的路由申请批复,铁路穿越的许可批复等都是这类文件。这类文件是对外协调中运用最多的形式,尤其在办理各类手续中要大量使用。

沟通类是一种函件的形式,属于平级单位之间的信息沟通。例如管道建设与铁路、公路、河流、电力、光缆等遇到需要沟通的情况时,通过函件往来确定一些事项。如伴行距离、安全监督等,这样既表现了需要协商问题的重要性,也以文字的形式明确了各自的意见,以便遵循这些意见确定管道建设线路走向、施工工艺等内容。

承诺类是一种以文件形式留存的、对某事项所做的承诺记录。例如土地复垦的达标、管道建成后管道保护的范围、各种穿越对周边的影响等内容。有时是补偿款到位需要一定的程序和时间,但工期紧迫,需要做出按照约定的标准和形式给予补偿的承诺。

在处理这些文件的工作中要注意做到以下几点:

(1)工程的名称。

公文中对工程的名称定义要兼顾规范和特色两个要素。通常在可研和设计中管道项目的命名是按照管道介质的流向从起点到终点,以市、县或乡镇一级地名命名。但实际使用中多有变通,如"西气东输"、"川气出川"等。在对外协调上涉及公文有两类用途,一是获得批文,二是获得协调。根据实际用途,在不同的取向上可以采用不同的项目名称。例如在获得核准批复时要尽量采用可研和设计定义的名称,其中地域名称和起始流向都比较规范和明确。如"忠武线",即准确地定义了项目是由四川忠县到湖北武汉,天然气走向是由四川油气田输送到湖北省会城市。在以协调为主的公文中,例如请求政府召开协调会或对沿线的阻工进行处理时则可以使用具有特色,尤其是具有社会影响或政治意义的名称,如"西气东输",这主要是为了彰显国家重点工程的地位,获得各级政府和沿线民众的更多支持。

(2)对外文件的操作主体。

对外发布文件的操作主体是项目的建设单位,也就是业主。往往政府部门或业务相关单位认可业主的法律地位。所以在文件履行中尽量以业主的身份操作。当采用工程总承包的方式时就可以将承包商作为文件操作主体,代业主履行公文职能。有时对于乡镇一级,大多属于施工单位协调的范围,也应该与协调单位一致,由施工单位作为公文履行的主体。

此外,还要注意公文沟通的级别对等问题,要尽量做到级别对等的公文往来,尤其是政府部门比较重视这个规范,但要根据实际情况,如果政府部门不做这种要求,沟通越直接越好。

(3)工程概况及基本数据的一致性。

在对外公文中大多要介绍工程概况,涉及一些基本数据,其间要注意统一性。要做出统一的概况介绍模版,在各文件中统一使用。既可以保持信息发布的统一性,又可以提高行文效率。

(4)要建立相对独立的文件发布流程。

因为对外协调工作有大量的文件产生,需要建立相对独立的流程。无论业主还是承包商对这类文件都要单独建立序列、渠道、发行方式,在审批制作上简化流程,力求时效。在制作上要立足于每个对外协调人员都能独立起草文件。对于大量发生的、完全程序性的请示类文件,可以固化模版,按类别授权,由对外协调人员直接操作。但要统一编号,按时归档。对于需要业主上级机关发布的文件,需要业主项目部及早提供草稿,设专人负责催办,以提高行文效率。

第三节　日　常　关　系

管道工程对外协调人员要与政府部门或有关单位人员建立起融洽的关系,要建立这种关系需要从几个方面着手。

一、主动建立日常沟通渠道

凡是和对外协调相关的部门和人员,都要列出范围及联系方式,在工程启动之前就主动拜访,介绍工程情况,提出需要给予帮助和支持的请求。无论是当前需要办理事项还是暂时没有业务需求,都要一视同仁,给予同等的尊敬和礼遇,定期或不定期地走访,向对方通报工程情况。不方便拜访时电话联络,表示问候,维护良好的人际关系。

二、节日拜访和婚丧嫁娶的到场

每年春节、中秋前夕尽量前去拜访,备适当的礼物,以表示对方的关心。在遇到对方有婚丧嫁娶等事件时,尽量前去祝福或吊唁。由此拉近双方的距离,让对方感觉到温暖,建立起彼此的朋友关系,以形成日后相互之间的真诚顺畅沟通。

三、诚信、守时、衣装整洁

在与对方往来期间,注重自己任何承诺的兑现,即便是区区小事也来不得半点含糊。因为这关系到他们对你的信任。有了一个守信的形象,他们对你的工作可靠程度也就得到了提升,他们会认为与你往来的工作没有顾虑,这就提高了你的办事效率。

做到守时看似不值一提,但有时会产生重要的影响。凡是与对方约定的时间,都要稍微早些到场等候,这就给对方予充分的尊重,有了一个约见的良好气氛,需要解决的问题也就变得容易探讨,便于协商,容易取得进展。

衣装整洁也是出于对人尊重的考虑,这是与人相处过程中需要注重的起码细节。让人感觉到与你往来比较体面,不发生尴尬,也就有利于工作的协商,有利于问题的解决。

第四节 媒体与宣传的作用

媒体与宣传对工程的关注和评价是管道建设对外协调的一个重要方面。工程的知名度有时胜过很多对外协调的努力。

根据工程规模的不同,媒体会给予不同的关注。对项目而言,要主动与媒体沟通,促成对工程的新闻发布,尤其在开工仪式等场合聘请高层领导人员出席都是媒体关注的方面,通过对工程的报道无疑会起到巨大的动员和推动作用。在管道建设中,历史上的"八三"管道、"西气东输"、"中俄管道"等都受到媒体的高度关注和高频率报道。有了这样深入人心的形象,无论对外协调人员到政府办理事务还是与沿线百姓谈判补偿都省去了大量的对工程的介绍工作。从工程的势头和舆论方面就做了很好的铺垫,为具体事务的推进奠定了一个很好的基础。

在工程建设过程中,项目建设方也要根据进展和某些重点单项工程完工请媒体进行报道。以强化公众对工程的认知,引发人们的关注。

与媒体良好相处是贯彻工程建设始终的原则。从工程启动之初,建设方就要走访各层面媒体,通报信息,提供书面资料,建立联系渠道,以做好后期报道的准备。遇有重大题材时要提前与媒体沟通,做好策划,备好相关的背景资料,最好由建设单位起草好通稿,整理好资料图片或视频资料。也就是说,为媒体做好所有能做的前期准备,媒体只需要根据各媒体的特点选取素材,加入现场采访就可以完成报道,为报道的时效提供最大的保障。初期的良好配合又能为后期的新闻传播奠定基础,形成良性循环,使后续报道源源不断,精彩迭出。

除媒体外还有其他一些宣传形式,如沿线施工现场的标语标识,工程介绍、营地的标语等,还有开工仪式上发放的宣传资料、手提袋、纪念品,管道保护方面沿线开展的各项宣传活动,发放纪念品等都是对工程的很好宣传。要注重这些形式的工作,因为这都对对外协调工作起着树立形象的作用。

第五节　危机公关

这是指工程建设中出现了一些对外界产生负面影响的事件之后的妥善处理。例如因百姓阻工引发的冲突;因与周边施工交叉引发的冲突;出现了安全事故,发生了河流穿越堤坝裂隙、公路穿越路面塌陷,投产时出现跑油漏气甚至火灾;因手续不齐全而受到行政处罚、经济处罚或停工处罚等。这些都会在社会上产生强烈的反响,有些可能要引发媒体的关注,甚至导致公安司法介入,形成对施工的严重影响和企业形象的巨大压力。面对这种危机需要做好以下工作。

一、主动与媒体沟通,保证事态的客观传播

出现上述事件后,应在第一时间报告给上级机关,得到对事态处理的指示。之后及时与媒体沟通,客观提供发生的情况,极力避免产生失实的或带有倾向性的报道。但期间要注意,在未经过上级机关的允许时不能接受采访做新闻发言。在上级机关同意接受采访时,传播内容要取得上级的审查同意。

二、密切配合公安或司法部门解决问题

涉及公安或司法事件发生后,建设单位要积极配合这些部门工作,不要做出任何违法违纪行为,并同时向当地政府部门报告,寻求政府的协调和支持,同时做好内部管理,做好内部职工的思想工作,防止情绪激化,因冲动引发更大的事件发生。

三、妥善协调停工罚款等事宜

国土、税务、安监、消防、规划等部门对工程都有权威的管理职能,遇到停工或处罚发生时,建设单位要及时冷静处理。确有问题要及时整改,寻求主管部门的理解,化解不利局面。属于误解要加强沟通,主动介绍情况,同时请政府部门从中协调,寻求最佳的事态解决方案。在处理这类事件时要避免形成僵局,深化双方矛盾,出现将个人恩怨转移到对事件的处理上的情况。

第六章 化解阻工

管道建设中的阻工是指在管道建设中因相关机构、群体或个人对工程干涉，而使工程无法施工的行为。在以往管道建设中几乎没有哪一个项目不遇到阻工的。有差别的是阻工的规模、形式、难度以及对工程的影响程度。没有哪一项管道工程可以完全按照投资到位、物资设备到位、施工能力到位就可以完成计划工期，超计划工期的因素几乎完全来自人为的阻工。轻则少量推迟计划工期，重则使工程完全搁浅。因此，对管道建设阻工的研究和探讨，对阻工的处理也就决定了工期能否保证，投资能否掌控，项目的前景状况。

第一节 阻工类型划分

一、被补偿户阻工

这是阻工出现最多的一种类型，是被补偿户对工程的干涉。有时是拒绝接受领取补偿款而到工地阻止工程，有时是领完补偿款后仍然到现场去阻工。从人员数量上看，有群体的，也有个人的。在施工现场，有的闯入作业带挡住作业，有的爬到设备上，阻挡设备运转或前行，有的坐在管道上。甚至有的为防止强制执行，在身上浇了汽油，手持打火机，有的携带液化气罐。还有的扣留了施工设备、机具、运输车辆，甚至施工人员。总之，现场阻工的表现形式多样，意在通过这些手段换取增加补偿费的目的。

二、政府阻工

所谓政府阻工，是指政府根据某种原因给项目下达停工令，使工程无法进行的情况。这看起来不可思议，但现实中并不少见。管道项目一般都属于能源基础设施建设，对国家以及地方都会有长期或宏观的影响，但未必有短期或直接的利益。因此，常常出现国家或省一级给予充分支持，而县或乡镇一级出于局部的考虑或想在工程上得到一定的利益而拒绝管道的通过或以停工来换取协商的筹码。有的涉及管道开口，有的涉及线路走向，有的涉及协调费的数额，有的涉及税收等。有这种意向后也就很可能借用各种理由阻止工程的推进。

三、业务部门阻工

这是指在施工过程中来自规划、国土、住建、税务、消防、安监、等部门下达的停工令,有些情况属于建设单位未完成相关手续的办理,有不合法规的情况出现,需要停工整改或接受处理,而有些情况属于某些部门的故意刁难,使工程受阻,而企图达到部门目的的做法。

四、企业阻工

管道建设有时要和铁路、公路、电力交叉,在手续办理之后有时仍然会出现一些摩擦,而酿成这些企业的现场阻工。还有的是彼此施工上出现交叉,因为场地、交通等因素引发矛盾而产生阻工。

五、相关人员阻工

在管道建设现场,有些不涉及补偿,仅缘于管道建设的交通、噪声、震动、扬尘等问题引发的相关人员不满而产生了现场阻工的行为。

第二节 阻工化解方式

一、行政疏导

这是一种常用的方法。靠阻工者管辖的政府部门或单位做调节工作。建设单位大多在当地都设置了专门负责工程协调的机构,如协调组、推进组等。当出现阻工时,这些机构首先直接出面协调,当不能直接处理时要调动有关行政部门出面,有些靠劝阻化解,有些靠协商化解。如农民的阻工,就需要乡政府或村委会出面,很多阻工也就在这种行政疏导的过程中得到解决。因为当地基层的领导与阻工人员有更为密切的关系,处理问题既要考虑工程的推进,还要保护农民的合法权益。这样阻工人员也就更信任他们,沟通起来要顺畅得多。

二、个别沟通

个别沟通是指对外协调人员要对群体阻工者有相当的耐心,要通过耐心的沟通,分别了解每一个阻工人员的意愿,并分别给予解释,缓解矛盾,解决问题。有时阻工来得"风狂雨暴",显得比较极端和激进,但阻工群体中各个人员的作用、心理诉求、行为方式都有所不同。在出现阻工时建设方不能简单地靠"大道理"解决问题,要学会耐心倾听,更不要在现场激化矛盾,即便是绝对不能妥协的原则问题,也要让阻工者充分表达。此后,对外协调人员就要深入下去,对阻工者逐一走访,找到主要人物,进行耐心细致的劝解工作,或根据了解的情况做出操作方面的调整。这种做法主要是回避现场的情绪激化。在人们情绪偏激的时候,几乎无法对话。个别沟通是在平静的气氛中进行坦诚的互动,这样才容易达成预定的目标。

三、个性调整

都是出于同一范围的补偿户,但细微情况会有所不同。例如迁移坟墓,各地只有大致的标准,仅按照坟墓结构划分了等级,但其在地理位置、坟墓细微结构上会有复杂差别,豪华坟墓有的不亚于造房建屋,简陋坟墓连坟头都没有。不同民族、不同年龄的坟墓主人对坟墓迁移的态度也会有不同的认知。有的认为坟墓迁移轻则动了家族的风水,重则对家人招灾引祸。有的并不在意迁移,只要按实际发生的费用给予合理的迁移补偿也就可以配合管道建设。在这种情况下,完全根据现行的文件标准"一刀切"式地机械执行,现实证明基本行不通。可行的就是个性调整标准,在参考标准的基础上,根据个性情况协议解决。不仅此类补偿,其他还有很多类似的状况,都要本着实事求是的原则确定补偿,在变通中推进对外协调工作,推进工程的进展。

四、强制执行

在协调劝说都不能解决问题的情况下,需要采取强制措施。这主要是由政府确认和决定,由政府公安部门执行,将阻工人员清理出施工现场的一种行政行为。这是在前期工作达到完全到位而没有效果时采取的行动。很多情况下,不采用这种方式问题永远得不到解决。当然,采取这种方式要非常慎重,需要建立在政策把握精准、思想工作完全到位、别无其他方式选择、方案周密、安全措施严格的前提下。在个别的管道施工现场,因阻工严重,几乎只能靠这种方式艰难推进。强制清场,清场后武装维护。这实在是一个很不和谐的场面,但这也是一个应对无理阻工的最有效办法。在对外协调工作中,最不愿出现的就是这种局面,前期工作所有的努力都为不出现这种局面,而一旦出现也就别无选择。对建设单位如此,对政府也是如此,不出此下策,只能将工程搁浅,其影响广泛而深远。有经济的严重损失,有邪可压正的负面惯性,有政府的执政能力缺失。诸多案例,匪夷所思,"道高一尺,魔高一丈",是对法制的践踏,是对公理的亵渎,是对公益事业的戏谑。扶正祛邪,在管道建设领域同样需要艰难地有所作为。

五、司法诉讼

司法诉讼是最终解决问题的一种途径,与强制不同的是,按照司法程序操作。出现阻工在经历劝解和多方面工作无效后,由建设单位提出上诉,进入司法程序。在调节过程中大多数问题都可以解决,因为阻工人员不愿接受判决的结果,而这个结果是已经清晰摆在眼前的。在调节阶段法官会充分创造协商的机会,也会向阻工人员明确介绍等待判决的走向。在不断的利害权衡中,阻工人员大多会有所让步,而补偿方在法官的协调中也会做出适当的调整,也就是适当提高补偿费用。这样,就可以把问题解决在调解阶段。阻工人员为何在这个阶段有所妥协?主要出于对补偿要求的逐步冷静和对事态终极走向的逐步认识。在以往的管道建设中建设单位往往不愿选择这个渠道,其弊端是需要漫长的时间和烦琐的程序,对紧迫的工期来说当然不是最佳的选择。但从辩证的角度看,这个方式的效果、力度、付出的经济代价、公正性都是上乘的。对于未来的管道建设来说,不仅需要尝试,而且要大力提倡,多加使用。期间要把握三个主要要素——首先是项目的手续齐备,二是保证司法的公正,三是及早启动司法程序,给工程争取充足的时间。

第三节 阻工起因及预防

化解阻工是阻工出现以后的解决行为,而对管道对外协调来说,最好是不出现阻工,这就要求对外协调工作要在预防上下功夫,努力消除阻工产生的条件。以下就阻工产生的原因及如何防止加以探讨。

一、截留补偿款

因政府或机构、企业截留补偿款,没有如数将补偿款交给权属人而引发的阻工是管道建设阻工发生的主流原因。实际操作中虽然截留程度不同,但效果是一致的,都会因此引发权属人的不满,而发生多方的矛盾冲突。首先是权属人对截留者的不满,当提出索要截留款不能达到要求时,权属人转而对管道施工或建设单位发难,到现场阻工,意在通过建设单位与截留部门协调得到截留款或者由建设单位另外支付一部分补偿款。由此看来,截留补偿款是引发阻工的祸端。对外协调人员要做的就是严加控制,绝对不能出现截留的情况。这就要从补偿合同、补偿监督、补偿标准公开、补偿数额公示、协调费渠道等几个方面加以控制。

补偿合同要有明确的条款,即将补偿款100%支付给权属人,不得出现任何部门、机构、人员截留补偿款项的行为,用合同条款约束执行合同人。有时也可以在违约责任中特别约定,如果出现截留将要承担的违约责任。

补偿监督是指建设单位在补偿后要做抽样调查,检查补偿款的发放情况,以便及时发现问题,及时纠正截留行为,避免后期阻工的发生。

补偿标准公开需要政府或接受补偿的单位将补偿标准形成文件或公布权威的补偿标准文本,让所有权属人心知肚明,知道自己应该得到的补偿款是多少。这就给截留消除了可能操作的空间。

补偿数额公示是以公开的方式实现公平公正,使权属人既看到自己的补偿款项也看到别人的补偿款项,消除了权属人的各种疑虑,也基本消除了各方面截留的可能。

很多情况下,截留的主要目的是获取协调费。这就要求建设单位和负责接受补偿的单位严格约定,补偿费和协调费分离,单独分渠道处理。两种款项要分别签订合同,一种是补偿合同,一种是协调费合同,专款专用,避免了混淆和截留的可能。

补偿费用总包的方式要坚决摒弃。有的对外协调人员认为,对政府总包了可以减少工作量,提高补偿效率,这是一个最大的误区。这并不是对政府的能力和公正的质疑,而是客观上这种方式正是截留的温床,造成阻工的起因。当采取总包的方式时,即便政府按标准给百姓补偿了,百姓依然怀疑截留,依然不愿意配合施工。此外,起初可能政府部门计划按照标准给百姓补偿,当政府某些资金紧缺时就可能发生压缩补偿款发放或暂时挪用补偿款的情形,这种行为一旦发生,阻工也就成为必然。所以,建设单位一旦确认了对政府的总包补偿的方式,基本上也就走上了一条充满荆棘和泥潭的补偿之路。

二、线路选择

线路选择关系到阻工出现的概率。尽量躲避房屋、高密度附着物区域是选线的常规原则。有时在初步涉及的线路中未必详细掌握线路上的情况,这需要施工单位在扫线时及时发现问题,反馈到设计和业主单位,经过线路的优化比选,及时做出调整。优化成功的线路不仅在施工技术难度上和管道建成后的安全运行及经济运行上受益,同样重要的是,在建设期间规避了对外协调工作的难点或降低了对外协调工作的难度,将阻工的可能性降到最低,这无论对保障工期还是降低补偿费来说都立竿见影,意义重大。

三、不满补偿标准

当执行已有的补偿标准遇到阻力或出现阻工苗头时要与政府及时探讨,充分分析面临的情况,确定是否调整,调整的方向主要是提高标准。关于调整的利弊,提高标准有利于补偿的推进,弊端是容易引发被补偿范围内历史的不平衡和与周边区域的不平衡,同时提高了建设成本。对这个问题要努力寻找到调整的临界点,当调整时则调整,当坚持时则坚持。检验这个临界点的标准是以不出现阻工为依据。期间有一个清晰的逻辑关系,当阻工强烈,工程无法推进时,理论上、政策上再完美、再合理的标准都是对补偿的一个制约,都是应该突破的,都有其存在的事实不合理性。当这个形势很清晰时,建设单位就要说服政府,建立针对该项目的临时补偿标准,提高补偿,推进工程的进展。在已有的补偿标准中难免存在着因物价调整和市场行情变化或政策未能及时更新而出现的滞后,这时建设单位就要立足实际,提升标准,破茧而出。

四、补偿款不到位

因补偿款不到位而发生的阻工屡见不鲜。按照常规,补偿款到位后才开始清理现场或开始施工。但有些情况下为保证工期,经双方协商可以边签署合同边进行施工。有时对政府的整体合同已经签订,政府允许施工,但个别百姓在未收到补偿款时就出来阻工;有时按照合同约定的时间补偿款应该到位而实际并没有到位;有时建设方已经支付了补偿款,但受补偿单位并未将补偿款发放给权属人。对于这些情况建设单位需要把握的是,一要加速合同的拨款,争取在最短的时间内将补偿款支付给被补偿单位。二是寻求地方政府做好相应的工作,取得权属人的理解和信任,能够接受在补偿款未到的情况下进行施工。因为权属人对建设单位的信任远不如对政府的信任,所以这个工作交给政府去做效果会更好。

五、索要补偿

这是指不应该得到补偿的人员自认为应该得到补偿而存在的阻工可能。这需要政府或主管单位出面做工作,以解释说服为主,使这些人员理解补偿政策,消解获得补偿的欲望,避免实际阻工的发生。

六、不满意复垦

当百姓认为土地复垦不合格时可能出现阻工。这种阻工有的出现在复垦刚完成时,有的发生在复垦半年或一年后,也就是当发生了土壤沉降或水土流失等情况后。对于土地复垦工作,在土地使用前要按照与政府的约定由施工单位完全负责复垦或由施工单位基本完成后由权属人继续完成复垦,由施工单位支付给权属人适当的剩余工作量的费用。为使这方面不出现阻工,如果完全由施工单位负责时就要做到充分保障,施工单位有承诺,在一年之内出现复垦问题都由施工单位解决。如果有费用给权属人就要使费用的标准和款项到位,使权属人确实认定不需要再由施工单位承担责任。

第七章 对外协调工作的内部管理

管道建设对外协调工作的主要工作对象是处理对外事务,但内部的管理不容忽视,也有其自身的特点。只有将内部管理做得规范、条理、严密,才能保障对外事务的工作效率和避免违规违纪事件的发生。

第一节 机构设置及管理方式

直接从事管道建设对外协调工作的机构和人员有政府、业主、承包商,其中的机构和人员要建立有机的组织衔接关系,按照以往运行的经验大致分为两个模式,一种是由承包商总承包的模式,一种是业主与承包商分开工作界面,各负其责的模式,如图7-1和图7-2所示。

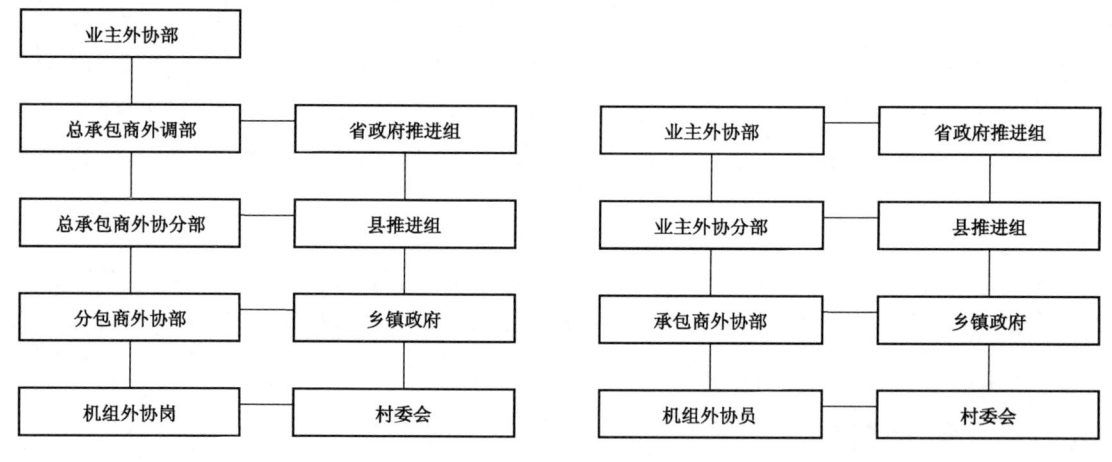

图7-1　总承包商承包模式　　图7-2　业主与承包商分层负责模式

由图7-1和图7-2可以看出,在总承包商承包模下,业主对外协调部主要对总承包商对外协调开展工作,兼有完成一些必须由业主办理的手续。所有对外协调工作由业主对外协调机构通过总承包商对外协调机构去完成。业主对外协调部配备部长、副部长、对外协调员若干,对外协调部接受项目部的领导,项目部设1名主管对外协调的副经理。总承包商对外协调部设经理1人、副经理1人、对外协调员若干,主要横向与省级政府衔接,纵向对总承包商对外协调分部开展工作。

总承包商对外协调分部设 1~2 人,横向与县一级政府衔接,纵向对分包商对外协调部开展工作。分包商对外协调部设 1~2 人,横向与乡镇政府衔接,纵向对各分包商机组对外协调员开展工作。分包商机组设 1~2 人。在政府方面,由省一级推进组逐级向下层政府开展工作。由此形成了一个管道建设对外协调团队与各级政府协调方面纵横交织的对外协调网络,在运行中各司其职,共同推动工程的进展。在业主与总承包商分层负责的模式下,各机构人员设置基本相同,工作方式有所区别,业主对外协调部横向与省一级政府衔接,纵向对业主对外协调分部开展工作,业主对外协调分部横向与县一级政府衔接,纵向对承包商对外协调部开展工作。承包商对外协调部横向与乡镇一级政府衔接,纵向对机组对外协调员开展工作。机组对外协调员横向与村委会衔接,做好基层的对外协调工作。

第二节 人员配备

　　管道建设对外协调工作是一个相对独立的业务,这个团队的人员素质要求也具有自身的特点。其基本要求是善于学习、善于交际、熟悉政策、熟悉业务、廉洁自律、承受力强。

　　善于学习是对对外协调人员提出的首要要求。因为无论是法规、政策、市场、内部管理都有很多需要掌握的内容,而且变化发展也很快,如果不善于学习就无法在实际工作中做出合理和科学的应对。其中随时了解政策的调整、基本掌握市场行情的变化、知道补偿区域文化习俗、能够熟练运用自动化办公手段、了解管道建设施工现场工艺流程等都是对外协调人员必需的"十八般武艺"。这些都要通过日常的学习来提升自己。有些对外协调人员每天忙于谈判、化解阻工,很难静下心来,不愿挤出时间读书、看报,学习业务知识,长此以往,自己的综合水平和能力下降,最终造成工作效率的低下。

　　善于交际是对外协调人员的职业要求,因为工作对象主要就是对外交往和处理问题,没有较强的交际能力就无法建立良好的人际关系,也就无法打开局面,无法取得有关人员的支持。尤其在重大疑难问题的解决中需要对外协调人员顺畅的沟通能力、准确的表达能力、出色的说服能力、合理的应变能力。这些都是公共关系的基础,只有通过很好的交际,建立良好的人脉渠道,出色完成对外协调工作才能成为可能。

　　熟悉政策是最直接影响对外协调工作的重要方面。有了高水准的政策水平,才能与地方政府有机结合,做出符合政策的有效工作方案,也便于做好被补偿人员的工作,建立自身的威信。应该说,在对外协调工作中,使用最多、作为原则把握的就是政策。任何的偏差和不到位都会产生决策或运作的失误,也可以说,把握政策就是把握了对外协调工作的命脉。

熟悉业务是指管道对外协调所涉及的办理手续、补偿标准、测量清点、签订合同、实施补偿、土地复垦等用地方面的操作,还有起草文件、组织协调会等公共关系方面的操作都是对外协调工作必需的业务技能,任何缺失都会影响工作效率。实际工作中确有相当的对外协调人员动手能力差,起草文件、拟订合同、网上电子流转工作的处理都要由他人代办,这极大地影响了对外协调的时效,以至于对工期产生负面影响。

承受力强是最富有管道建设对外协调特点的基本素质。因为管道建设对外协调所做的工作既不同于市场也不同于行政。市场是以双方的意愿为结合点形成的合作行为,行政是强制管理的程序性衔接行为,两者的实施相对容易,而管道建设的手续办理和补偿基本是单向的,是管道用地产生的、由建设方主动向政府申报和主动提供给权利人补偿的行为。所以手续办理能否顺利进行,补偿能否按照标准执行,其主动权始终在政府和被补偿权利人手里。这期间给对外协调人员带来的磨难可想而知,而对外协调人员的日常工作就是接受这种磨难,其承受能力也就成为能否胜任这项工作的条件。在人员配备上,项目部需要选择具有承受力的人到这个岗位工作,对于在这个岗位工作的人需要从职业需要的理念来认知,不断提升自身的承受力,以应对这项工作,以坚忍不拔的敬业精神来完成管道建设的对外协调任务。

第三节　工作流程

每个项目的管理模式不同,相关的工作流程也存在差别,但对主要工作的处理有一个相对有效的组织方式,下面就从管道对外协调主要的手续办理、事项协调、合同签订三个方面描述其工作流程。

一、手续办理

管道建设对外协调工作中,各种手续的办理工作量很大,几乎占据全部对外协调工作三分之一的工作量。其中的核准手续、用地手续、规划许可、施工许可、林业手续、土地复垦验收等都需要花费大量时间,涉及众多部门、众多环节。在这些手续办理中有的可以由单独的对外协调部门或人员完成,有的需要多部门或人员共同联合办理才能完成。具体办理工作界面的划分和流程要根据办理的手续来确定。总体上,很多手续或取证都以建设单位,即业主的身份来办理,都需要业主方面的营业执照、机构代码证、法人身份证等,这类手续由业主方办理会更直接、更方便,因为在单位内部使用证照、印章、履行签字等效率较高。对于实施总承包的工程,由业主委托总承包单位办理也是实际中的一种做法,但办理中只是由总承包的工作人员办理事务,所代表的仍然是业主,所使用的也必须是需要业主提交的资料。根据这个实际情况,可以理解为,凡必须业主办理的均可交由承包商代为办理。有的可以分层确定办理人员,有的可以根据办理项目确定办理人员。在同一个手续中办理到哪个层面就由负责哪个层面的对外协调人员去办理。如林业手续,在与林权人签订协议阶段就可以由承包商去谈判、签订,到省林业厅办理采伐证时就可以交给业主对外协调人员去办理。

二、事项协调

对于各类疑难问题的协调,如线路走线、补偿标准、房屋拆迁、税费缴纳等在实际对外协调工作中有大量这类的协调需要各级政府或部门解决。在协调这类事项时要根据可以解决这个问题的政府部门层面确定对外协调的工作部门,也就是说,日常与政府对接的部门是谁就由谁作为协调工作的主体来操作。例如发生的税费缴纳问题很多涉及在一个省内的统一政策,不是一个县市可以解决的问题,这就需要由与省政府对接的部门,通常是业主对外协调部门来办理。在补偿标准上,大多数以县为单位制定,在协调这个事项上日常是谁与县对接就由谁来操作。如果局部的房屋拆迁,只是几户人家,属于某个乡镇或村这就只需要日常负责协调乡镇的承包商对外协调部或施工单位机组对外协调员来操作就可以了。

三、合同签订

这里主要是指补偿合同,是管道建设对外协调中最核心的工作。包括合同的谈判和合同的签订程序。这个工作一般按照项目运作模式加以确定,有的由业主直接操作,有的完全交给总承包商操作,有的由业主按照政府文件确定补偿标准后交给承包商在标准内操作,超标部分由业主另行确定。如果采用总包方式,一旦业主与总承包商签订了补偿费用总包合同,业主也就不再对具体补偿审批。如果不采用补偿费用总包方式,则每份补偿合同都要经过业主审批,还要根据合同额度,划分为业主项目部审批范围和业主项目部上级单位审批范围。两种模式相比,业主直接操作补偿费用比较受控但签约程序较多,付费较慢,需要的人力较多;由总承包商操作效率相对较高,但业主意愿较难体现。两者结合的方式比较灵活,是当前项目建设经常采用的模式。既有委托也有直接操作,划定范围,划定标准,各自发挥各自的优势,综合推进效果更优。

此外,涉及对外协调的各部门,包括政府之间还要建立定期沟通和定向沟通机制,形成工作的默契配合,及时解决存在的问题。在建设团队对外协调部门中虽然有工作界面划分,有时却难以绝对分清职责,需要充分的协作。在这种情况下还需不分彼此,共同处理,为实现工期的总目标共同努力。

第四节 业务培训

对于相对固定的对外协调人员,一定要安排定期或不定期的业务培训。这对项目来说,既是对进行中工程对外协调人员的及时"充电",也是对项目部对外协调人员长远的培养和造就。一些项目领导人有两个误区,一是认为对外协调没有学问,不需要学习和培训,二是工程紧张,不愿意腾出人手花费时间去接受培训。这是缺乏远见和对培养人才不负责任的思维,应该加以纠正。应该说,同是对外协调人员,水平差别有时很大。工程建设中经常可以看到,两个单位在一个区域施工,线路长度相同,共同对一个县或乡镇,结果一个单位风平浪静,完全按照排定工期完成了任务,而另一个单位则阻工四起,愁于"救火",施工迟迟无法推进,用两倍甚至更长的时间才从这个地区走出来。其区别完全是对外协调工作方法和水平的问题。此外,有时在某个区域前一个对外协调人员长期打不开局面,而及时更换人员后就"柳暗花明"进入到一个全新的境界。这有努力程度的不同,更重要的取决于对外协调人员的工作能力和水平,这些从哪里来,有前期的经验积累,更需要通过培训来灌输和滋养。所以,各项目部都要建立对外协调人员的培训计划,并按照计划实施,坚持做下去,短期的和长期的效益自然就在其中了。

第五节 印章使用

在管道建设对外协调中有大量需要印章的操作,如办理手续、文件沟通、各种承诺等,其中主要是业主项目部用章,还有业主项目部上级机关用章,以及承包商用章。鉴于对外协调工作的特点,其用章的操作和管理不同于其他业务范围,需要有相对独立的管理和使用方式,主要追求的是效率,当然前提是确保安全。

一、印章刻制

管道建设对外协调使用较多的印章有建设单位项目部公章、建设单位经理名章、建设单位上级机关的公章、建设单位上级机关法人名章、承包商单位公章等。凡常用印章,经主管领导同意后,需单独刻制,专门配置给对外协调部门使用。例如建设单位项目部印章、建设单位上级机关公章都有半数以上的印章使用量,如果按照其他用章程序用章将给对外协调人员带来大量的工作量以及漫长的办理时间,鉴于此,诸如建设单位项目部和建设单位上级公章等需要在对外协调主要部门常备,以方便使用。

二、印章使用审批与登记

对外协调印章使用要采用最简捷的审批方式,由各对外协调部门领导审批。对于重复大量相同文本的使用可以只做初次审批,而不需要每次都做审批。每次用章后都要做好登记,这些要形成严格的制度。

三、印章使用中需要注意的问题

尽管对外协调用章效率优先,但也应避免出现问题。诸如审批制度不能流于形式,电子章的加密是必须做到的,空白用章必须避免,用章登记必须履行,用章后样张存档等要有一整套的管理制度和流程,以保障项目对外协调用章的安全和快捷。

第六节 资 料 归 档

对管道建设对外协调工作来说,办理手续、洽谈合同、化解阻工都是"冲锋陷阵",都是直接推进工程所必需的工作,而对外协调资料的存档则是管道运行和后期办理相关事务的条件,是一个容易被忽略的工作环节。这个环节一旦出现问题就关乎项目验收能否通过,后期运行有些相关的问题是否能够顺畅解决。下面对具体需要进行存档的内容开列清单,以便在实际工作中对照参考。

一、批复类

(1)国家或省对项目核准的批复;
(2)各省(区、市)建设厅颁发的《建设项目选址意见书》或对项目的规划选址意见;
(3)国家国土资源部或省(区市)对项目建设用地预审意见的复函;

(4)《土地利用总体规划评估报告》；

(5)《土地利用总体规划评估报告》专家论证意见；

(6)国家环境保护部或省(区、市)环境保护厅对项目《环境影响报告书》的批复；

(7)《环境影响报告书》；

(8)《环境影响报告书》专家评审意见；

(9)国家发改委或省(区、市)发改委对项目节能评估审查批复；

(10)《节能评估报告书》或节能评估报告表或节能登记表；

(11)《节能评估报告书》的专家评审意见；

(12)国家安全生产监督管理总局(以下简称国家安监总局)审查的安全预评价报告审查备案表；

(13)《安全预评价报告》；

(14)《安全预评价报告》专家评审意见；

(15)相关政府地震主管部门对地震安全性评价报告的批复；

(16)《地震安全性评价报告》；

(17)《地震安全性评价报告》专家评审意见；

(18)部或省级国土资源管理部门对压覆矿产资源的批复；

(19)《压覆矿产资源评估报告》；

(20)《压覆矿产资源评估报告》专家评审意见；

(21)省(区、市)国土资源厅对《地质灾害危险性评估报告》的审查备案登记表；

(22)《地质灾害危险性评估报告》；

(23)《地质灾害危险性评估报告》专家评审意见；

(24)省(区、市)水利厅对《水土保持评价报告》的批复；

(25)《水土保持评价报告》；

(26)《水土保持评价报告》专家评审意见；

(27)国家或省(区、市)安监局对职业病危害预评价的批复；

(28)《职业病危害预评价报告》；

(29)《职业病危害预评价报告》专家评审意见；

(30)国家文物局或省(区、市)文化厅对《文物调查报告》的批复；

(31)《文物调查报告》；

(32)国家安监总局或省(区、市)安监局颁发的安全设施设计审查意见书；

(33)省级消防部门同意工程投产的批复。

二、证书类

(1)建设规划许可证(通称绿证);

(2)建设用地规划许可证(通称黄证);

(3)施工许可证;

(4)《建设用地批准书》;

(5)中华人民共和国集体土地建设用地使用证或中华人民共和国国有土地使用证。

三、函件类

(1)与各级政府往来的请示、报告、函件;

(2)与铁路、公路、河流、电力、通信等行业、企业等部门的请示、报告、函件;

(3)上级机关对项目对外协调有关的批复;

(4)上级机关对地方或协调单位的有关请示、报告、函件。

四、承诺类

(1)关于资金拨付的承诺;

(2)关于管道建成后地面恢复种植的承诺;

(3)管道建成后与其他设施建设关联的处理方式承诺;

(4)管道建设复垦的承诺;

(5)管道建成后对地面沉降及周边环境影响的负责承诺;

(6)管道建成后对通过地水源影响的承诺;

(7)定向钻通过不对地面发生影响的承诺;

(8)管道建成后管道保护法限制以外区域的规划建设承诺。

五、证明类

管道建设资金证明。

六、媒体类

各种媒体报道的有关管道建设对外协调的新闻。

七、影像类

(1)开竣工仪式影像资料;

（2）各层面协调会资料；

（3）地方出警资料；

（4）各种阻工现场；

（5）房屋或重要附着物清理前影像资料；

（6）抢栽抢建现场资料。

八、大事记

项目对外协调工作大事记。

第七节　费用控制

本节讨论的费用仅限于对外协调的公共关系费用，不包含对外协调的补偿费、各种穿越通过费、办理手续费和以合同形式支付的协调费用。公共关系费中包括会议费用、客餐费用、纪念品费用、宣传费用等。

管道建设各个层面的对外协调机构和人员主要从事的都是公共关系工作，这是管道建设对外协调的特点。以往各建设单位、承包商都有各自的做法和制度，重要的是要对外协调工作的公共关系给予合理的定位，对产生的费用给予合理量化，在这个基础上建立相应的制度和办法更有利于项目的推进。

根据协调的难度需要的公共关系费用差别很大，不适合在工程启动前确定费用标准。但如果完全没有标准也无法实施内部管理，比较可行的办法是前期根据工程的基本情况制定一个标准，待运行一段时间后给予调整，对个性问题单独处理。也就是说，这方面费用一定要有一个框架，以便对外协调人员遵守，也便于项目部制定计划以及财务部门实施控制和管理。这方面费用的控制不能影响工程的对外协调运作，还要极力地降低，这是很难平衡的一个问题。对外协调人员来讲，要建立一个正确的理念——不是只靠费用就可以建立良好的人际关系，更重要的是你的敬业精神、诚信形象、人格水准、业务能力。必要的公共关系费用是交往中的助推和润滑，但应合理使用，掌握分寸。另一方面，对外协调这类费用的使用，项目管理方面的计划、财务、有关领导要给予准确的定位，合理的范围要给予支持和认可，时有发生的是，因某个部门的公共关系费用较高而加大控制力度，降低额度，使对外协调人员不好对外开展工作，进而影响工程效率，这是一种因小失大的做法。

第八节　补偿合同流转及补偿费用拨付

管道建设对外协调工作很多成果要落实在补偿合同和支付补偿款上,可以说,能够签订合同完成拨款,单项的对外协调推进也就接近尾声了。这个环节处理得是否得当,对时效具有重大的影响。以下对需要注意的问题给予探讨。

一、简化流程迅速拨款

当合同洽谈完成后即进入合同审批和拨款审批流程。在此期间会发生什么?因补偿款未能到位,被补偿户不允许进场施工;被补偿户毁约。洽谈合同后等待审批和拨款对黄金施工期来说是很受煎熬的。"时间就是金钱"在这里有充分的体现。很少被补偿户能够不见到补偿款就允许进场,有多长的审批和拨款时间就有多长的等待。所以,审批速度就显得尤为重要。怎样保证最快的审批?有两个要素,一是必须采取网上审批方式,二是简化审批流程。网上审批解决的是跨地域办公的问题,也就是说通过网络审批不受时空的限制,签批人可以随时办理。简化流程就是将审批人减到最少,这是目前审批流程中的最大弊端。很多审批部门或审批人并不了解补偿情况,也没有能力判断补偿款的合理性,签批只是形式和过场,这样的签批人一定要消减掉。少一个环节就压缩了一段时间。在以往的管道建设中因合同审批和拨款审批时间过长导致的负面后果太多,造成时间浪费,建设单位形象受损,政府干部诚信遭受质疑等。

二、合同严谨,附件齐备

合同签订要严谨。既要遵循模版的常规条款,也要根据具体情况有针对性地调整。例如要防止截留发生,就可以在合同中约定,补偿标准和补偿金额要张榜公布等内容,因为提前约定,可以避免一些政府部门的暗箱操作,避免了截留的发生,也就避免了阻工的发生。在技术服务合同中,对评估单位要协助建设单位与批复部门沟通,做好取得批复的工作。在协调费合同中,对协调的工作标准、工作成果要有较明确的描述。对协调费是否要分层次使用要加以明确。例如县一级的协调费是否包含乡镇的费用,避免县一级获得协调费后自己"独享",乡镇再提出协调费的要求。这些要在合同中先行约定,避免事后做补救工作。以上所谓附件齐全就是围绕主合同版本产生的附件,如签约说明、清点单、确认单、补偿依据性文件、相关备忘录等。尤其是对补偿费用标准做出调整的时候,要在签约说明和备忘录中注明调整的依据、决策过程、当事人,有必要时当事人要签字备案。

三、汇款信息准确无误

有时补偿款已经拨出,但迟迟接收不到,其原因就是账号、开户行等信息出现差错。对外协调人员填写客户信息表时务必要核实清楚,由对方财务人员提供信息,依据工商、银行核定的印章,采用全称,不能有丝毫的简化,以确保汇款的准确。这些信息错误不仅耽误补偿,影响工期,有时还会引起误会,造成被补偿人员的猜疑,使建设方的形象受损。

四、及时催办,监督发放

补偿款到位后并不是高枕无忧,还要监督催促收款单位及时、全额地将补偿款发放下去。这是补偿的最后一个环节,也是很容易出问题的一个环节。往往收款单位起初并没有截留、挪用补偿款的意图,但补偿款到位后由于补偿标准的争议、对补偿款标准不满、收款单位资金紧张等因素引发了收款单位暂停发放或挪作他用的情况。所以,对外协调人员的监督和催办非常必要。

第九节 《对外协调大事记》的记录

《对外协调大事记》是记录项目对外协调工作重大事件的历史记录。其中包括重大开竣工仪式、重要协调会、重要补偿、重要阻工、重大协调事项、重要政策调整、重要补偿标准调整等内容。记录形式要以事件为索引顺序,每项记录中包括时间、地点、人物、事件、结果、背景等要素。各对外协调分部提供,业主项目部汇总。也可以分层次记录。

《对外协调大事记》工作在很多项目中并未实施,很多人认为是多此一举,徒增工作量,其实际情况并非如此。其优点在于利于对外协调工作的总结,利于事件的追溯,利于后期工作的参照。尤其对于一些特殊补偿,经历漫长的协调,突破了以往的标准和惯例,需要将进程记录清楚。无论在项目建设方审计或地方审计或与某司法案件相关联时都会追溯这个过程,如果仅凭头脑记忆非常容易遗忘,况且时过境迁,很多当事人已经调离,就更不容易把事件描述得准确,如果当初有原始的大事记就容易得多了。

《对外协调大事记》记录人员要相对固定,养成及时记录的习惯,看似复杂、细微的大事记,如果做好日常的记录,操作起来并不困难,但形成成果的价值是不容忽视的。

第十节　对外协调人员的廉洁自律

对外协调是一项艰难的工作，也是一项艰险的工作。险处不在身体，而是容易在利益链条上"受伤"。在手续办理上，不乏寻租空间，吃拿卡要现象从未断绝，经常使对外协调人员处于两难境地。补偿过程中不乏政策、法规、标准，但在具体执行中十之八九被突破，在土地领域发生的违法违规、刑事犯罪案例非常广泛，有高官落马的，也有基层人员锒铛入狱的。当然，这主要取决于政府人员的自律，取决于权属人的德行，从某个角度看，也会受到对外协调工作人员的智慧和努力程度的影响。而这个变通地带也就是对外协调的风险所在。在"钉子户"的处理中，对外协调人员可以体会到复杂的背景，在个性化的处理中就存在着效率和公平的冲突，措施不当就有可能触碰法律底线。这里探讨的就是一个"常在河边走如何不湿鞋"的问题，这是在建设单位对外协调过程中有过深刻教训的。工程竣工了，一些对外协调人员"倒下了"；工程投产很久了，有的对外协调人员却被判刑，把工作也丢了。客观环境的险恶是导致"悲剧"的原因，依赖严格的自律方能洁身自好。

廉洁自律是对外协调人员最基本的要求。由于对外协调工作的性质，涉及补偿费用高、补偿调整空间大、被补偿户人员构成复杂，出现经济问题的可能性加大。如果不能廉洁自律，出问题是必然的，这是管道建设需要特别防范的。很多项目中提出"三个不倒"，既安全上不倒一个人，生活上不倒一个人，经济上不倒一个人，就是基于对外协调岗位是一个有经济风险的岗位，需要有严明的纪律、严密的管理、严肃的监督和严格的自律来保障对外协调的安全运行。

（1）熟悉政策、法规、相关补偿标准，建立起坚实的操作和谈判基础。这是在补偿过程中争取主动和做到心中有数的依据。即使是没有明确标准的补偿物，对外协调人员来说，也要了解周边或曾经的参照标准，这些都没有的要做市场调研，摸清情况。这些工作都为后期的操作形成参照，可以明确了解权属人的诉求，以便制定对策，推进补偿工作。

（2）坚决摒弃"金钱"杠杆。对外协调人员在面对巨大压力的时候不能急不择路，不择手段。真诚沟通、多方协调、动之以情、晓之以理才是解决问题的基本方法。不可否认，金钱具有很高的效能，但一旦动用就触碰了法律底线，这个杠杆撬开的不只是挡道的顽石，还有"潘多拉魔盒"，隐患出现，邪恶出现，直接导致对外协调的厄运、工程建设的厄运。

（3）政府永远是防御风险的最后屏障。无论手续办理中的难题还是与权属人的"离谱"要求，最终大多依靠政府解决。手续办理中出现难题时可以迂回处理，与熟悉的平行部门横向沟通，间接调节，这样双方都有一个空间，建立协商的基础，气氛就容易得到改善，有利于难题的化解。当这个方法不能奏效时，可以请求高层领导出面协调，形成对权属人合理的、适当的压力就成了解决问题的渠道和钥匙。对权属人的补偿中同样也是这个逻辑，政府出面与否和使用什么样的力度决定事情的结果。与其相信自己，不如充分相信政府，认清这个原则，付出努力不仅会得到满意的收获，而且不会留下隐患。所说的隐患既包含行政官员，也包括对外协调人员自身。

（4）提高修养，抵御诱惑。从事对外协调工作的人员应酬较多，公共关系的投入较大，心很难静下来，加之每天的业务中充满着利益的纠缠，容易放松学习，不注意提高自身修养，也很难在一定阶段总结工作的成败得失，警示自己加强廉洁自律。此外，如果再受到外界的不良影响，很可能半推半就，陷入泥潭，不能自拔。保持做人的原则，保持遵纪守法的原则，警钟长鸣，眼光长远，才能不为眼前利益所动，善始善终完成每一个项目，续写绚丽的职业生涯。

附 录

附录一 相关政策、法规、文件条目

1.《国务院关于投资体制改革的决定》(国发〔2004〕20号)
2.《企业投资项目核准暂行办法》(中华人民共和国国家发展和改革委员会令2004年第19号)
3.《国家发展改革委关于实行企业投资项目备案制指导意见的通知》(发改投资〔2004〕2656号)
4.《建设项目用地预审管理办法》(中华人民共和国国土资源部令第42号)
5.《固定资产投资项目节能评估和审查暂行办法》(中华人民共和国国家发展和改革委员会令2010年第6号)
6.《中华人民共和国土地管理法》
7.《中华人民共和国土地管理法实施条例》(中华人民共和国国务院令第256号)
8.《土地复垦条例》(中华人民共和国国务院令第592号)
9.《森林植被恢复费征收使用管理暂行办法》(财综〔2002〕73号)
10.《中华人民共和国铁路法》
11.《中华人民共和国公路法》
12.《中华人民共和国河道管理条例》(中华人民共和国国务院令第3号,2011年1月8日修正)
13.《中华人民共和国森林法》
14.《中华人民共和国森林法实施条例》(中华人民共和国国务院令第278号)
15.《中华人民共和国水土保持法》
16.《国有土地上房屋征收与补偿条例》(中华人民共和国国务院令第590号)
17.《建设项目安全设施"三同时"监督管理暂行办法》(国家安全生产监督管理总局令第36号)
18.《非煤矿矿山建设项目安全设施设计审查与竣工验收办法》(国家安全生产监督管理局、国家煤矿安全监察局令第18号)
19.《中华人民共和国耕地占用税暂行条例》(中华人民共和国国务院令第511号)
20.《中华人民共和国石油天然气管道保护法》

附录二　常用表单合同样本

现将管道建设对外协调工作中经常使用的各种表单和合同样本加以汇集,供读者参考。这些表单合同样本仅来自于某单位,读者可以作为参考,根据自身情况加以调整,创建适合本单位使用的模板。本节汇集了临时用地清点单、附着物清点单、超占地确认单、复垦验收单、技术服务合同、临时用地合同、附着物补偿合同、房屋拆迁补偿合同、签约说明等样本。

样本1　临时用地清点单

乡镇	村	权属人	长度,m	宽度,m	开方,m²	压方,m²	总面积,m²	总补偿费,元
	合计							
权属人签章:				施工单位签章:				
村签章:				监理单位签章:				
乡镇签章:				总承包商签章:				
县国土签章:				业主单位签章:				
制表:								年　月　日

样本2　附着物清点单

乡镇	村	权属人	品种	规格	单价	总数量	总补偿费	备注
合计								
权属人签章：					施工单位签章：			
村签章：					监理单位签章：			
乡镇签章：					总承包商签章：			
县国土签章：					业主单位签章：			

制表：　　　　　　　　　　　　　　　　　　　　　　　　　　　　年　月　日

样本3　超占地确认单

乡镇	村	权属人	长度,m	宽度,m	开方,m²	压方,m²	总面积,m²	总补偿费,元
合计								
权属人签章：					施工单位签章：			
村签章：					监理单位签章：			
乡镇签章：					总承包商签章：			
县国土签章：					业主调度签章：			

制表：　　　　　　　　　　　　　　　　　　　　　　　　　　　　年　月　日

样本4 复垦验收单

县	乡镇	村	权属人	长度,m	宽度,m	总面积,m²	备注
合计							

权属人签章:	施工单位签章:
村签章:	监理单位签章:
乡镇签章:	总承包商签章:
县国土签章:	业主单位签章:

制表: 年 月 日

样本5　技术服务合同

合同编号:××

××技术服务合同

委托方(甲方):××＿＿＿＿＿＿＿＿＿＿
承　办　方:××＿＿＿＿＿＿＿＿＿＿
受托方(乙方):××＿＿＿＿＿＿＿＿＿＿

签订地点:＿＿＿＿＿＿＿＿＿＿＿＿
签订时间:＿＿＿＿年＿＿月＿＿日

目 录

1. 总则
2. 服务内容及方式
3. 服务期限、地点及进度安排
4. 资料的提供
5. 验收时间、地点和方式
6. 费用及支付
7. 权利和义务
8. 健康、安全生产及环境保护
9. 技术成果归属及保密
10. 权利瑕疵担保
11. 对外关系
12. 不可抗力
13. 违约责任
14. 保险
15. 合同的生效、变更、终止
16. 争议的解决
17. 通知
18. 其他约定

技术服务合同

委托方(甲方)：××

承办方：××

住所地：××

法定代表人(负责人)：××

受托方(乙方)：××

住所地：××

法定代表人(负责人)：××

1. **总则**

根据《中华人民共和国合同法》等现行法律法规，本着自愿、平等、诚实信用的原则，双方就___××___技术服务项目事宜，协商一致，签订本合同。

2. **服务内容及方式**

2.1 服务内容：××_____。

2.2 服务方式：××_____。

2.3 技术服务达到的技术要求及考核验收指标/标准：××_____。

3. **服务期限、地点及进度安排**

3.1 服务期限：自___受委托之日___开始至_____××_____止。

3.2 服务地点：××_____。

3.3 进度安排：××_____。

4. **资料的提供**

4.1 甲方应向乙方提供的技术资料、数据、材料或样品：

××_____。

4.2 乙方应向甲方提供的资料、数据、材料或样品：

××_____。

5. **验收时间、地点和方式**

5.1 甲方在上级规定的时间在___××___(地点)验收项目成果，验收采用___甲方认可___方式。

5.2 甲方验收后出具 __验收合格证明__，作为验收结果的书面材料。

5.3 本合同服务项目的保证期为__×× __年(月)，自项目通过最终验收之日起计算。保证期间如发现服务质量有缺陷的，乙方应负责无偿修正、返工。

6. 费用及支付

6.1 本项目可研编制技术服务费为：__××__元人民币，大写：__人民币××元整__；本项目技术服务费由甲方承担，依本合同约定支付给乙方。

6.2 支付方式按照下列第__6.2.2__款规定执行。

6.2.1 一次总付：在项目最终验收合格后_____日内全额付款。

6.2.2 分期支付。

6.2.2.1 本合同生效后__30__日内，支付技术服务费总价__30%__的预付款；

6.2.2.2（按照进度支付）：支付技术服务费总价__60%__的进度款；

6.2.2.3 项目最终验收合格后__30__日内，支付至技术服务费总价的__10%__，其余__/__作为保证金，于本服务项目保证期结束（且无任何服务质量问题）后__/__日内一次付清。

6.3 税费：__由乙方承担__。

6.4 其他约定__无__。

6.5 本合同如果属于关联交易，甲乙双方约定的支付结算方式不应违反关联交易财务结算的相关规定。

7. 权利和义务

除本合同其他条款约定的权利、义务外，双方约定如下：

7.1 甲方权利。

7.1.1 有权要求乙方按照本合同约定提交技术服务成果。

7.1.2 有权随时对乙方的服务进行监督检查。

7.1.3 有权要求乙方对其服务过程中存在的问题进行整改。

7.1.4 有权要求乙方提供相关的技术资料和必要的技术指导。

7.1.5 其他__无__。

7.2 甲方义务。

7.2.1 在合同生效后__7__日内向乙方提供本合同__4.1__中列明的技术资料、数据、材料或样品。

7.2.2 向乙方提供以下工作条件：__无__，提供上述工作条件所需费用由__/__负担。

7.2.3 在接到乙方关于要求改进或更换不符合合同约定的技术资料、数据、材料、样品的通知后__7__天内,及时做出答复。

7.2.4 按约定向乙方支付报酬。

7.2.5 按约定验收项目成果。

7.3 乙方权利。

7.3.1 接受甲方提供的技术资料、数据、材料、样品。

7.3.2 交付符合本合同要求的工作成果后获得报酬。

7.3.3 发现甲方提供的技术资料、数据、样品、材料或工作条件不符合合同约定时,有权在接到上述资料或开始工作的__3__天内,通知甲方改进或者更换。超过上述期限不提出改进或更换要求的,视为甲方提供的资料和工作条件已符合合同约定。

7.4 乙方的义务。

7.4.1 乙方应按约定亲自完成技术服务工作,未经甲方书面同意擅自转委托给第三方的,甲方有权拒付报酬并单方面解除本合同。

7.4.2 对甲方交予的技术资料、样品妥善保管;在合同履行过程中,如发现继续工作对材料、样品或设备等有损坏危险时,应中止工作,并及时通知甲方;工作完成后一个月内应归还上述技术资料、样品,不得擅自存留复制品。

7.4.3 乙方在进入甲方工厂时,须遵守甲方厂规厂纪,如因违反甲方厂规厂纪造成乙方损失,责任由乙方自行承担。

7.4.4 项目验收后,向甲方传授与该项目相关的技术知识,提供相关的技术资料和必要的技术指导。

8. 健康、安全生产及环境保护

双方有关健康、安全生产及环境保护权利、义务、责任依照本合同附件《技术服务合同安全合同》执行。

9. 技术成果归属及保密

9.1 甲方利用乙方提交的技术服务工作成果所完成的新的技术成果,归__甲__方所有。

9.2 乙方在服务过程中获得的技术成果,包括但不限于新技术、新工艺、新方法、新发明、新发现等,所有权及知识产权的归属采用以下第__9.2.3 种方式__。

9.2.1 甲方所有,乙方__/__使用。未经甲方同意,乙方不得再许可第三方使用;甲方向第三方转让技术成果所有权及知识产权的,不影响乙方的使用权。

9.2.2 乙方所有,甲方　／　使用。未经乙方同意,甲方不得再许可第三方使用;乙方向第三方转让技术成果所有权及知识产权的,不影响甲方的使用权。

9.2.3 双方共有,收益分配方式　各占50%　;一方转让技术成果必须经过另一方同意。

9.3 保密。

9.3.1 在合同履行期间,乙方所获得的一切原始资料及在服务过程中所取得的与履行合同有关的甲方既有工作成果及相关资料属甲方所有,乙方负有保密义务。未经甲方书面同意,乙方不得在合同期内或合同履行完毕后以任何方式泄露。保密信息包括但不限于图纸、图表、数据等。但下列信息不属于保密信息:

A. 已进入公共领域的信息;

B. 从任何对信息不承担保密义务的第三方合法获得的信息。

9.3.2 对于属于乙方所有的新技术和新方法,甲方负有保密义务,未经乙方书面同意,不得以任何方式泄露。

9.3.3 本保密条款在本合同终止后　5　年内,仍具有法律约束力。

10. **权利瑕疵担保**

因执行本合同的需要,合同一方提供的与本合同有关的设备、材料、工序工艺、软件及其他知识产权,应保障对方在使用时不存在权利上的瑕疵,不会发生侵犯第三方知识产权等情况。若发生侵害第三方权利的情况,提供方应负责与第三方交涉,并承担由此产生的全部法律和经济责任。因侵权给合同另一方造成损失的应给予赔偿。

11. **对外关系**

乙方在其服务范围内与其他服务方之间的工作关系,由乙方自行负责处理。

12. **不可抗力**

12.1 下列事件可认为是不可抗力事件:战争、动乱、地震、飓风、洪水等不能预见、不能避免且不能克服的客观情况。

12.2 由于不可抗力事件致使一方当事人不能履行本合同的,受不可抗力影响方应立即通知另一方当事人,采取积极措施减少不可抗力造成的损失,并在不可抗力发生后　15　日内向另一方当事人提供发生不可抗力的证明。

12.3 由于不可抗拒的原因,致使合同无法按期履行或不能履行的,所造成的损失由双方各自承担。受不可抗力影响一方未履行通知义务,和/或任一方未积极采取减损措施,致使损失扩大的,该方应就扩大的损失向另一方承担赔偿责任。

不可抗力事件结束或其影响消除后,如本合同目的仍可实现,双方应立即继续履行合同义务,合同有效期和/或合同有关执行期限应相应延长。

13. 违约责任

13.1 甲方违约责任。

13.1.1 甲方未按合同约定提供有关技术资料、数据、样品和工作条件,导致乙方无法按约定标准完成服务项目的,应当承担合同金额__20%__的违约金。

13.1.2 甲方迟延支付项目报酬超过__30__日的,每逾期一日按银行同期存款利息向乙方支付滞纳金。

13.1.3 甲方违反__9.3.2__保密条款的,赔偿因此给乙方造成的直接损失。

13.1.4 其他约定。

13.2 乙方违约责任。

13.2.1 乙方不能完成服务项目,应当承担合同金额__20%__的违约金,并赔偿给甲方造成的直接损失,同时甲方有权单方面解除合同。

13.2.2 乙方逾期交付工作成果的,每逾期一日应当承担合同金额__1%__的违约金,同时乙方应继续履行,逾期__15__日仍未完成工作的,甲方有权单方面解除合同,乙方应返还甲方已经支付的服务费用。

13.2.3 乙方未按约定标准完成服务项目的,乙方应负责按合同约定标准整改。如合同履行期已到期,甲方可视情况给予乙方一定期限作为补救期。在补救期内,乙方有义务继续履行合同直至工作成果符合约定标准。乙方如在约定的补救期到期后仍未能按标准完成服务,或甲方不同意给予乙方补救期的,甲方有权在补救期到期后或合同履行期到期后,单方面解除合同,乙方应返还甲方已支付的服务费用。虽经乙方补救完成工作,但已构成逾期交付的,乙方应按__13.2.2__支付逾期违约金。

13.2.4 在合同服务期间,发现甲方提供的技术资料、数据、样品或工作条件等不符合合同规定,未按本合同__7.3.3__款约定期限书面通知甲方,造成技术服务工作停滞、延误或不能履行的,乙方应承担合同金额1%的违约金。

13.2.5 乙方违反__9.3.1__保密条款的,应当赔偿由此给甲方造成的直接损失;

13.2.6 其他约定。

14. 保险

14.1 乙方必须为自己的全部设备及人员购买保险,如发生设备、人身伤亡等事故(甲方过错除外),由乙方负责向保险公司索赔,甲方不承担任何责任。

14.2 因甲方过错造成乙方的设备和人员损害,由乙方负责向保险公司索赔,甲方只承担保险公司赔偿以外的损失,对于未投保的部分甲方不予赔偿。

15. 合同的生效、变更、终止

15.1 本合同经甲乙双方法定代表人(负责人)或授权代理人签字并盖章后生效。

15.2 本合同经甲乙双方协商一致,可以变更,合同变更协议应采用书面形式。

15.3 有下列情形之一的,本合同终止:

15.3.1 合同已经按照约定履行完毕。

15.3.2 双方协商一致终止合同。

15.3.3 一方依下列第__15.4__款规定解除本合同。

15.3.4 其他情形。

15.4 如本合同任何一方发生下述情况,在不影响本合同约定的其他救济手段的前提下,另一方有权书面通知全部或部分解除合同:

15.4.1 发生破产、清算。

15.4.2 不可抗力事件持续__30__日,致使不能实现合同目的。

15.4.3 未能履行本合同项下的保密义务。

15.4.4 未能履行本合同项下义务,且在违约后__30__日或双方商定的补救期限内对违约行为仍未能完成补救。

15.4.5 其他情形:__无__。

16. 争议的解决

在本合同履行过程中发生争议时,甲乙双方应及时协商解决。

如协商不成,可选择下列第__(三)__种方式解决:

(一)提交__/__仲裁机构申请仲裁;

(二)依法向__××__人民法院提起诉讼;

(三)提交__××__协商方式解决。

17. 通知

承办方(甲方):××

通讯地址:××

联系人:××

电话:××

受托方(乙方):××
通讯地址:××
联系人:××
电话:××

18. **其他约定**

18.1 本合同未尽事项,由甲乙双方根据国家法律、法规及有关规定协商另行订立补充协议,双方共同遵照执行。

18.2 本合同正本一式＿＿××＿＿份,甲方执＿＿××＿＿份,乙方执＿＿××＿＿份;副本一式＿＿××＿＿份,甲方＿＿××＿＿份,乙方＿＿××＿＿份。执行本合同所需要的通知、报告及其一些通讯信件,均以书面形式有效并以书面形式传送到甲乙方指定的地址。

委托方(甲方):××　　　　　　　　受托方(乙方):××

法定代表人(负责人):　　　　　　　法定代表人(负责人):

授权代表:　　　　　　　　　　　　授权代表:

　　　　　　　　　　　　　　　　　开 户 行:××
　　　　　　　　　　　　　　　　　账　　号:××

样本6 临时用地合同

合同编号：

××临时用地补偿协议

甲　　方：×× _____
乙　　方：×× _____

签订时间：_____ 年 ___ 月 ___ 日
签订地点：_____

临时用地补偿协议

甲方:××
住所地:××
营业执照号:/
法定代表人(负责人):××
乙方:××
住所地:××
营业执照号:/
法定代表人(负责人):××

1. 总则

1.1 根据《中华人民共和国土地管理法》、《中华人民共和国合同法》等现行法律法规,本着自愿、平等、诚实信用的原则,双方就_____××_____临时用地补偿费用事宜,经协商一致,签订本合同。

2. 临时用地位置、范围、用途、使用期限及附着物名称、规格、数量

2.1 土地位置:××_____。
2.2 土地面积:××_____。
2.3 土地性质:××_____。
2.4 土地地类:××_____。
2.5 用途:××_____。
2.6 使用期限:××_____。
2.7 附着物名称:_____/_____。
2.8 附着物规格:_____/_____。
2.9 附着物数量:_____/_____。

3. 补偿范围和费用

3.1 补偿范围:××_____。
3.2 临时用地补偿费标准:××_____。
3.3 临时用地补偿费用小计:××_____。

3.4 附着物补偿标准：_____/_____。

3.5 附着物补偿费用小计：_____/_____。

3.6 费用合计：××_____。

4. 现场踏勘、测算和估价

4.1 现场踏勘人员：××_____。

4.2 现场踏勘时间：_____双方约定_____。

4.3 测算的依据和方法：_____现场丈量_____。

5. 用地交接或附着物拆除条件、时间和方式

5.1 交接条件：_____/_____。

5.2 土地复垦条件：_____/_____。

5.3 交接时间：_____合同生效之日_____。

5.4 交接方式：_____现场交接_____。

6. 费用结算时间和方式

6.1 采取以下第：__6.1.1.2__种方式结算：

6.1.1 一次总付：__××__。

6.1.1.1 甲方在交接前__/__工作日内，向乙方结算全部费用。

6.1.1.2 甲方在交接后__15__工作日内，向乙方结算全部费用。

6.1.2 分期支付。

6.1.2.1 本协议生效后__/__日内，甲方支付__/__款项；

6.1.2.2 在交接用地后__/__工作日内，结算剩余费用。

6.2 乙方结算时开具__合法地方行政__收款票据。

6.3 实际补偿数额与合同签订数额有出入时，按实际数额结算。

6.4 其他约定_____/_____。

7. 权利和义务

7.1 甲方权利义务。

7.1.1 有权按协议使用土地，制止和排除用地过程中出现的干扰和妨碍行为。

7.1.2 有权要求地方提供临时用地的相关批件、资料。

7.1.3 向政府部门提供临时用地的立项批件和申请报告等有关资料。

7.1.4 办理土地等相关审批手续。

7.1.5 及时支付补偿费用。

7.1.6 其他约定_____/_____。

7.2 乙方权利义务。

7.2.1 要求甲方按协议支付费用和办理交接手续。

7.2.2 处理临时用地涉及的各项关系,制止、排除甲方用地中受到的干扰和妨碍行为,保证甲方正常用地。

7.2.3 协助甲方对临时用地的现场踏勘、丈量、清理及搬迁工作。

7.2.4 协助甲方办理临时用地的各项手续。

7.2.5 协助用地方处理相邻权纠纷。

7.2.6 确保临时用地无权利瑕疵,落实复垦措施,并提供无遗留问题的书面证明。

7.2.7 向被用地的权属单位、组织或个人及时支付用地补偿费用。

7.2.8 对甲方所付款项提供合法的收款票据。

7.2.9 向甲方提供省级土地补偿文件及地面附着物补偿标准。

7.2.10 其他约定_____/_____。

8. 不可抗力

8.1 下列事件可认为是不可抗力事件:战争、动乱、地震、飓风、洪水等不能预见、不能避免并不能克服的客观情况。

8.2 由于不可抗力事件致使一方当事人不能履行本合同的,受不可抗力影响方应立即通知另一方当事人,采取积极措施减少不可抗力造成的损失,并在不可抗力发生后及时向另一方当事人提供发生不可抗力的证明。

8.3 由于不可抗力的原因,致使合同无法按期履行或不能履行的,所造成的损失由双方各自承担。受不可抗力影响一方未履行通知义务,或任一方未积极采取减损措施,致使损失扩大的,该方应就扩大的损失向另一方承担赔偿责任。不可抗力事件结束或其影响消除后,双方应立即继续履行合同义务,合同履行期限应相应延长。

9. 违约责任

9.1 当事人一方不履行义务或者履行合同义务不符合约定的,应当承担继续履行、采取补救措施或者赔偿损失等违约责任。

9.2 甲方违约责任。

9.2.1 未按约定付款的,每逾期一天,应支付__2‰__违约金。

9.2.2 未按约定使用土地的,应承担__相应法律责任__。

9.2.3 其他约定:_____/_____。

9.3 乙方违约责任。

9.3.1 未按约定处理各项用地关系或有效制止、排除甲方用地过程中受到的干扰和妨碍行为的,应支付__2‰__违约金。

9.3.2 未尽到协助义务影响甲方用地的,应支付__2‰__违约金。

9.3.3 未按约定时间交付土地的,每逾期一天,应支付__/__违约金,并赔偿相应损失;超过__/__天的,甲方有权解除协议。

9.3.4 交付土地不符合约定条件的,应支付__/__违约金。

9.3.5 未按约定向被用地权属单位、组织、个人支付用地补偿费用,影响甲方用地的,应承担_____/_____。

9.3.6 因土地权属纠纷影响甲方正常用地的,乙方应负责及时处理,并赔偿甲方损失。

9.3.7 其他约定:_____/_____。

10. 争议解决

本合同履行过程中发生的纠纷双方应协商解决。协商不成的,按照以下第__10.2__方式解决：

10.1 提交__/__仲裁委员会按照__/__仲裁规则在__/__进行仲裁。仲裁裁决具有终局性,双方都应执行。

10.2 向__××__人民法院提起诉讼。

10.3 因关联交易合同发生争议,由双方协商解决。协商不成的,提交双方上级机关协调解决。

11. 协议履行期限

自__合同生效之日__始至__××__止。

12. 协议的生效、变更、解除和终止

12.1 本协议经甲乙双方法定代表人(负责人)或授权代表签字并盖章之日起生效。

12.2 本协议经甲乙双方协商一致,可以变更,变更协议应采用书面形式。

12.3 有下列情形之一的,本协议终止：

12.3.1 协议已经按照约定履行完毕;

12.3.2 甲乙双方协商一致终止协议;

12.3.3 依法或依合同约定解除。

12.4 其他情形:_____/_____。

12.5 如本协议任何一方发生下述情况,在不影响本协议约定的其他救济手段的前提下,另一方有权书面通知全部或部分解除协议:

12.5.1 进入破产或清算程序的;

12.5.2 因不可抗力致使不能实现协议目的;

12.5.3 未能履行本协议项下义务,且在违约后＿＿／＿＿日或双方商定的补救期限内对违约行为仍未能完成补救;

12.5.4 其他情形:＿＿＿＿＿／＿＿＿＿＿。

13. 通知

甲方:××

联系人:××

电话:＿××＿ 传真:＿／＿。

通讯地址:＿××＿。

邮政编码:＿××＿。

乙方:××

联系人:××

电话:＿××＿ 传真:＿／＿。

通讯地址:＿××＿。

邮政编码:＿××＿。

单位名称:＿××＿。

开户银行:＿××＿。

银行账号:＿××＿。

14. 其他

14.1 本协议一式＿××＿份,甲方留存＿××＿份,乙方留存＿××＿份,每份具有同等法律效力。

14.2 本协议中未尽事宜,双方另行签订补充协议。

甲方(盖章):

法定代表人(负责人)或委托代理人:

乙方(盖章):

法定代表人(负责人)或委托代理人:

样本7　附着物补偿合同

合同编号：××

××附着物委托补偿协议

甲　　　　方：××_____
承 办 单 位：××_____
乙　　　　方：××_____

签订时间：_____年___月___日
签订地点：_____

××附着物委托补偿协议

1. 总则

1.1 根据《中华人民共和国合同法》、《中华人民共和国土地管理法》等现行法律法规,本着、平等、诚实信用的原则,甲方将___××___附着物补偿工作委托给乙方,双方就用地费用补偿及工作经费等事宜,经协商一致,签订本合同。

2. 临时用地范围、用途、使用期限

2.1 位置:___××___。
2.2 作业带宽度:___××___。
2.3 面积:___××___。
2.4 用途:___××___。
2.5 使用期限:___××___。

3. 补偿范围和费用

3.1 补偿范围___××___。
3.2 补偿费用标准___××___。
3.3 "三桩"埋设用地按其他管道惯例执行,每个桩补偿___××___元。
3.4 如管道施工需要穿越光缆、管线等地下障碍物时,因施工原因对光缆、管道等地下设施造成损伤,由施工单位负责赔偿,甲方不承担责任。
3.5 乡、镇、村协调费已在二标段工程施工合同投标报价中包含,由施工方自行承担。
3.6 补偿费用合计___经过测算,补偿费金额暂为:人民币××元整(××元)详见明细表。最终补偿费用依据甲、乙及监理三方确认的补偿明细表按实际发生金额为准___。

4. 现场丈量和清点

4.1 现场丈量、清点人员:
甲方:第四项目部___××___等。
乙方:___××___等。
监理:___××___等。
土地使用权人:___××___。

4.2 现场踏勘时间：__按照甲乙双方与 土地使用权人约定时间__。

5. 用地交接条件、时间和方式

5.1 土地复垦条件:恢复至能够基本达到耕种条件。

5.2 交接时间__按照甲乙双方与 土地使用权人约定时间__。

5.3 交接方式__直接与原土地使用者(乡村)、房屋产权人交接,国土部门、监理监交并确认__。

6. 费用结算时间和方式

6.1 协议生效后__5__日内,甲方支付协议金额的__30%__,之后根据进度拨付补偿费用,当协议款拨付超过协议金额__60%__时,根据实际发生金额拨付补偿费用。

6.1.1 当现场补偿费用超过本协议金额时,甲乙双方及时签订委托补偿协议,乙方根据现场需要可适量垫资,退还全部用地后进行结算。

6.2 乙方在结算时提供占地数据、附着物统计明细表,补偿费用计算书,全部退地证明(含附着物补偿证明),甲方现场代表和监理签认的拨款申请单等必要资料。

7. 权利和义务

7.1 甲方权利义务。

7.1.1 甲方有权按协议及时取得并使用土地,其他专业进场施工,乙方应予以配合。

7.1.2 甲方有权要求乙方提供临时用地的相关丈量、清点资料。

7.1.3 甲方负责解决本施工标段县级以上(含县)与临时用地相关的问题及涉及的协调工作。配合乙方做好县级以下相关协调工作。

7.1.4 协助乙方办理用地等相关审批手续,提供补偿标准。

7.1.5 及时支付补偿费用。

7.2 乙方权利义务。

7.2.1 要求甲方按协议支付费用。

7.2.2 处理临时用地涉及的各项关系,制止、排除其他施工用地中受到的干扰和妨碍行为,保证施工正常用地。

7.2.3 组织相关单位实施临时用地的现场踏勘、丈量、清点及搬迁工作。

7.2.4 乙方负责与监理单位对占地所涉及的县级土地部门签订临时用地协议。按征地协议和甲方的要求将征地补偿费拨付给临时用地所涉及的县国土部门。办理临时用地的其他手续。

7.2.5 乙方负责解决本施工标段县级以下(不含县)与临时用地相关的问题及涉及的乡(镇)、村、户、个人的协调工作。配合甲方做好县级以上相关协调工作。确保临时用地无权利瑕疵,落实复垦措施,并提供无遗留问题的书面证明。

7.2.6 向被用地的权属单位、组织或个人及时支付用地补偿费用。

7.2.7 对甲方所付款项提供合法的收款票据。

8. 不可抗力

8.1 下列事件可认为是不可抗力事件:战争、动乱、地震、飓风、洪水、暴雪等不能预见、不能避免并不能克服的客观情况。

8.2 由于不可抗力事件致使一方当事人不能履行本合同的,受不可抗力影响方应立即通知另一方当事人,采取积极措施减少不可抗力造成的损失,并在不可抗力发生后及时向另一方当事人提供发生不可抗力的证明。

8.3 由于不可抗力的原因,致使合同无法按期履行或不能履行的,所造成的损失由双方各自承担。受不可抗力影响一方未履行通知义务,或任一方未积极采取减损措施,致使损失扩大的,该方应就扩大的损失向另一方承担赔偿责任。不可抗力事件结束或其影响消除后,双方应立即继续履行合同义务,合同履行期限应相应延长。

9. 违约责任

9.1 当事人一方不履行义务或者履行合同义务不符合约定的,应当承担继续履行、采取补救措施或者赔偿损失等违约责任。

9.2 甲方违约责任。

9.2.1 未按约定付款的或县级以上相关审批手续未按时批复的,影响施工应顺延工期,并对相关损失给予必要的补偿。

9.3 乙方违约责任。

9.3.1 未按约定处理各项用地关系或有效制止、排除其他施工单位正常用地过程中受到的干扰和妨碍行为的,应补偿相应损失。乙方全权负责本施工段的征地及与用地有关的所有协调工作,一切因征用地引发的问题(如停工、窝工、未按甲方要求完工等)均由乙方自行解决,由此产生的一切后果及责任完全由乙方承担。乙方在征地过程中发生的一切人员伤亡、事故等自行承担责任。因征地赔偿问题而造成甲方损失和工期延误由乙方负责。

9.3.2 征地款要和工程款分离,专款专用,不得滞留、挪用、截留。否则,甲方有权追缴全部已付给乙方的款项,由此产生的有关法律责任均由乙方承担。工程结束后退还土地不合格造成的损失由乙方自行负责(以退地证明为准)。

9.3.3 未按约定向被用地权属单位、组织、个人支付用地补偿费用,影响各方正常施工造成损失的,应承担__相应责任__。

10. 争议解决

本协议履行过程中发生的纠纷双方应协商解决。协商不成的,向协议签署地的仲裁机构申请仲裁。

11. 协议履行期限

自协议签署之日始至工程全部完工止。

12. 协议的生效、变更、解除和终止

12.1 本协议经甲乙双方法定代表人(负责人)或授权代表签字并盖章之日起生效。

12.2 本协议经甲乙双方协商一致,可以变更,变更协议应采用书面形式。

12.3 有下列情形之一的,本协议终止:

12.3.1 协议已经按照约定履行完毕;

12.3.2 甲乙双方协商一致终止协议;

12.3.3 依法或依协议约定解除。

13. 其他

13.1 本协议一式__××__份,甲方执__××__份,乙方执__××__份,每份具有同等法律效力。

13.2 本协议中未尽事宜,双方另行签订补充协议。

甲方(盖章):　　　　　　　　　乙方(盖章):

法定代表人(授权人):　　　　　　法定代表人(授权人):

开户行:　/　　　　　　　　　　　开户行:××

账号:　/　　　　　　　　　　　　账号:××

联系人:××　　　　　　　　　　　联系人:××

电话:××　　　　　　　　　　　　电话:××

样本8 房屋拆迁合同

合同编号:

××拆迁补偿协议

甲　　方:××_____
乙　　方:××_____

签订时间:_____年___月___日
签订地点:××_____

房屋拆迁补偿协议

甲方:××

住所地:××

营业执照号:××

法定代表人(负责人):××

乙方:××

住所地:××

营业执照号:××

法定代表人(负责人):××

1. **总则**

1.1 根据《中华人民共和国合同法》等现行法律法规,本着自愿、平等、诚实、信用的原则,双方就管道工程拆迁___××___房屋补偿事宜,经协商一致,签订本合同。

2. **拆迁位置、面积、其他附着物**

2.1 拆迁位置:___××___。

2.2 拆迁面积:___××___。

2.3 其他附着物___××(见附表)___。

3. **补偿内容、标准、费用**

3.1 补偿内容构成___××___。

3.2 补偿标准___××___。

3.3 补偿费用合计___××元___。

4. **评估单位、时间**

4.1 评估单位:___/___。

4.2 评估时间:___/___。

5. **拆迁时间**

5.1 拆迁时间:___双方约定___。

5.2 完成时间：__双方约定__。

6. 费用结算时间和方式

6.1 采取以下第__6.1.1.2__种方式结算：

6.1.1 一次总付：__××元__。

6.1.1.1 甲方在交接前__/__工作日内，向乙方结算全部费用。

6.1.1.2 甲方在交接后__15__工作日内，向乙方结算全部费用。

6.1.2 分期支付

6.1.2.1 本协议生效后__/__日内，甲方支付__/__款项；

6.1.2.2 在交接场地后__/__工作日内，结算剩余费用。

6.2 乙方结算时开具__合法地方行政__收款票据。

6.3 实际补偿数额与合同签订数额有出入时，按实际数额结算。

6.4 其他约定__/__。

7. 权利和义务

7.1 甲方权利义务。

7.1.1 有权按协议进场施工，制止和排除施工过程中出现的干扰和妨碍行为。

7.1.2 有权要求乙方提供相关资料。

7.1.3 及时支付补偿费用。

7.1.4 其他约定_____/_____。

7.2 乙方权利义务。

7.2.1 要求甲方按协议支付费用。

7.2.3 及时清理拆迁现场，确保管道施工按时进行。

7.2.4 对甲方所付款项提供合法的收款票据。

7.2.7 其他约定_____/_____。

8. 不可抗力

8.1 下列事件可认为是不可抗力事件：战争、动乱、地震、飓风、洪水等不能预见、不能避免并不能克服的客观情况。

8.2 由于不可抗力事件致使一方当事人不能履行本合同的，受不可抗力影响方应立即通知另一方当事人，采取积极措施减少不可抗力造成的损失，并在不可抗力发生后及时向另一方当事人提供发生不可抗力的证明。

8.3 由于不可抗力的原因，致使合同无法按期履行或不能履行的，所造成的损失由双方各自承担。受不可抗力影响一方未履行通知义务，或任一方未积极采取减损措施,致使损失扩大的,该方应就扩大的损失向另一方承担赔偿责任。不可抗力事件结束或其影响消除后,双方应立即继续履行合同义务,合同履行期限应相应延长。

9. 违约责任

9.1 当事人一方不履行义务或者履行合同义务不符合约定的,应当承担继续履行、采取补救措施或者赔偿损失等违约责任。

9.2 甲方违约责任。

9.2.1 未按约定付款,每逾期一天,应支付__2‰__违约金。

9.2.2 其他约定：_____/_____。

9.3 乙方违约责任。

9.3.1 未按约定时间提供进场条件,应支付__2‰__违约金。

9.3.2 未尽到协助义务影响甲方进场的,应支付__2‰__违约金。

9.3.7 其他约定：_____/_____。

10. 争议解决

本合同履行过程中发生的纠纷双方应协商解决。协商不成的,按照以下第__10.1__方式解决:

10.1 提交__××__仲裁委员会按照__/__仲裁规则在__/__进行仲裁。仲裁裁决具有终局性,双方都应执行。

10.2 向__/__人民法院提起诉讼。

11. 协议履行期限

自__合同生效之日__始至__双方履行合同结束之日__止。

12. 协议的生效、变更、解除和终止

12.1 本协议经甲乙双方法定代表人(负责人)或授权代表签字并盖章之日起生效。

12.2 本协议经甲乙双方协商一致,可以变更,变更协议应采用书面形式。

12.3 有下列情形之一的,本协议终止:

12.3.1 协议已经按照约定履行完毕;

12.3.2 甲乙双方协商一致终止协议;

12.3.3 依法或依合同约定解除;

12.4 其他情形：_____/_____。

12.5 如本协议任何一方发生下述情况,在不影响本协议约定的其他救济手段

的前提下,另一方有权书面通知全部或部分解除协议:

12.5.1 进入破产或清算程序的;

12.5.2 因不可抗力致使不能实现协议目的;

12.5.3 未能履行本协议项下义务,且在违约后___/___日或双方商定的补救期限内对违约行为仍未能完成补救;

12.5.4 其他情形:_____/_____。

13. 通知

甲方:××

联系人:××

电话:__××__传真:__××__。

通讯地址:__××__;邮政编码:__××__。

乙方:××

联系人:××

电话:__××__传真:__××__。

通讯地址:__××__;邮政编码:__××__。

单位名称:__××__。

开户银行:__××__。

银行账号:__××__。

14. 其他

14.1 本协议一式__××__份,甲方留存__××__份,乙方留存__××__份,每份具有同等法律效力。

14.2 本协议中未尽事宜,双方另行签订补充协议。

甲方(盖章):

法定代表人(负责人)或委托代理人:

乙方(盖章):

法定代表人(负责人)或委托代理人:

样本9　签约说明书

××工程签约说明书

合同名称

××协议

附件列表

1. 供应商主数据维护申请单
2. 开户许可、组织机构代码
3. ……
4.
5.

签约日期：

签约甲方联系人：

姓名：　　　　　　　　　　电话：

签约乙方联系人：

姓名：　　　　　　　　　　电话：

签约原因：